剩余电流动作保护器监测系统

应用与管理

国网浙江省电力有限公司 组编

中国电力出版社
CHINA ELECTRIC POWER PRESS

内 容 提 要

本书共五章，主要包括概述、智能保护器安装运行要求、剩余电流动作保护器监测系统的功能应用、保护器的日常管理，以及借助剩余电流动作保护器监测系统进行停电穿透性分析的典型案例等内容。

本书可供从事农网管理、设备运行维护等相关工作的人员和供电所一线员工学习阅读，也可以作为从事保护器管理、安全作业等相关工作人员的培训参考用书。

图书在版编目(CIP)数据

剩余电流动作保护器监测系统应用与管理/国网浙江省电力有限公司组编. —北京：中国电力出版社，2018.12

ISBN 978-7-5198-2031-2

Ⅰ.①剩… Ⅱ.①国… Ⅲ.①零区电流-电流保护装置 Ⅳ.①TM588.1

中国版本图书馆 CIP 数据核字(2018)第 094363 号

出版发行：中国电力出版社
地　　址：北京市东城区北京站西街 19 号 （邮政编码 100005）
网　　址：http://www.cepp.sgcc.com.cn
责任编辑：刘丽平 （010-63412342）
责任校对：朱丽芳
装帧设计：张俊霞
责任印制：石　雷

印　　刷：三河市万龙印装有限公司
版　　次：2018 年 12 月第一版
印　　次：2018 年 12 月北京第一次印刷
开　　本：710 毫米×1000 毫米　16 开本
印　　张：15.75
字　　数：312 千字
印　　数：00001—10000 册
定　　价：63.00 元

编 委 会

编 写 组

国家新型城镇化和美丽乡村建设的实施，有力地促进了现代农业和农村经济的发展、社会环境的改善和生活水平的提高，农村用电需求大幅增长，用电结构也趋于复杂，使农村低压配电网规模不断扩大，同时用户对供用电的安全性和可靠性要求也越来越高，城乡一体化的发展趋势日益明显。由于农村用户分散，供电区域广阔，低压配电网中传统型剩余电流动作保护器（以下简称保护器）跳闸后故障点定位查找困难和受干扰误动作、剩余电流变化情况无法跟踪或预警、对故障隐患不能及时发现，以及用户对安全可靠供用电要求的矛盾已越来越突出。为此，运用现代信息技术，开展对保护器在线监测，结合已建成的信息系统，通过多系统信息推送交互、大数据运用，实现主动抢修作业和供电服务，提高农村低压配电网运行的安全性、经济性和可靠性已成为共识。

如何开展剩余电流动作保护器监测系统的建设，便捷有效地提升农村低压配电网供电的安全性与可靠性，是很多供电企业面临的困扰和难题。国网浙江省电力公司依据国家电网公司农村用电安全强基固本工程的要求，结合浙江农村用电和低压配电网的实际情况，在全省农村低压配电台区通过与智能公用变压器终端连接，全面应用具有数据采集、存储、处理、通信等功能的保护器（简称智能保护器），按照"统一标准，统一步骤；试点先行，总结完善；同步培训，夯实基础；过程管控，闭环管理"的原则，统一通信规约、技术规范，集中建设保护器监测系统主站，进行区域试点并全面推广应用，实现了全覆盖，在全省农村低压配电网中取得"全覆盖、全监测、全预警、全保护"的成功经验和实际效果。并在此基础上提炼出剩余电流动作保护器监测系统建设与保护器在线监测、管理等实用化工作步骤，编写了《剩余电流动作保护器监测系统应用与管理》一书。

本书对智能保护器基础知识、保护器通信通道及规约应用、保护器通信规约解析、保护器监测系统功能（包括保护器资产档案管理、保护器数据管理、跳闸告警管理、运行管理、展开系统高级应用、保护器指标管理、统计报表管理等），以及借助保护器监测系统进行停电穿透性分析典型案例等方面的内容进行了全面的阐述和讲解，以期从事农村用电安全相关管理的工作人员对农村低压配电网保护器应用与管理有一个新的认识和了解，同时通过相应的学习培训，可以较全面地掌握保护器监测系统应用方面的知识，促进农村低压配电网管理水平的提高。

本书可供从事农网管理、设备运行维护等相关工作人员和供电所一线员工使用，也可以作为从事保护器管理、安全作业等相关工作人员的培训参考用书。本书介绍的内容虽已取得较好的反响和实效，但因农网地域广，发展不平衡，农网保护器管理工作开展时间长短不一，不尽之处，希望广大专家和读者多提宝贵意见，我们将加以改进和提高。

编　者

2018 年 9 月

概　　述

第一节　剩余电流动作保护器监测系统简介

一、定义与特点

剩余电流动作保护器（以下简称保护器）是低压电网中常见的开关电器，尤其是在农村低压电网中使用广泛，由于传统型保护器存在受干扰易误动作、不能准确反映动作原因等缺陷，因此，通过监测运行中保护器的运行状态、剩余电流参数、额定剩余电流动作值参数组，以及电压、电流等相关数据，是判断和反映低压供电线路运行工况的有效途径。具体地讲，剩余电流动作保护器监测系统是指根据低压电网中保护器的运行特点，依据保护器的国家、行业以及制造标准的相关规定，运用现代信息技术，采用能真实、有效地反映保护器运行状况的通信规约，结合已运行成熟的用电信息采集系统、智能公用变压器监测系统，通过RS-485等通信方式与多个带通信功能保护器进行本地组网信息交互、数据存储，并借助存储数据终端（浙江省电力公司采用的是智能配变监测终端）的公共通信网络（移动、电信等）将相应数据上传至剩余电流动作保护器监测系统主站进行数据处理统计，实现对智能保护器运行情况进行监测的信息系统，系统整体架构如图1-1所示。

剩余电流动作保护器监测系统的特点：

（1）剩余电流动作保护器监测系统是通过主站与数据终端设备的互联，对安装在低压配电网上的保护器设备进行接入、监测、分析和处理，具备设备管理、状态监测、数据采集、定值管理、统计分析、异常处理等功能，并通过与相关信息系统的集成，为开展主动式服务提供技术支撑。

（2）系统借助现有的智能公变终端接入总保和中保，实现信息的接入、监测、分析等功能。总保通过RS-485接入智能公变终端；中保通过加装专用的通讯适配器和中继模块、LoRa网关等通信设备接入智能公变终端。

1

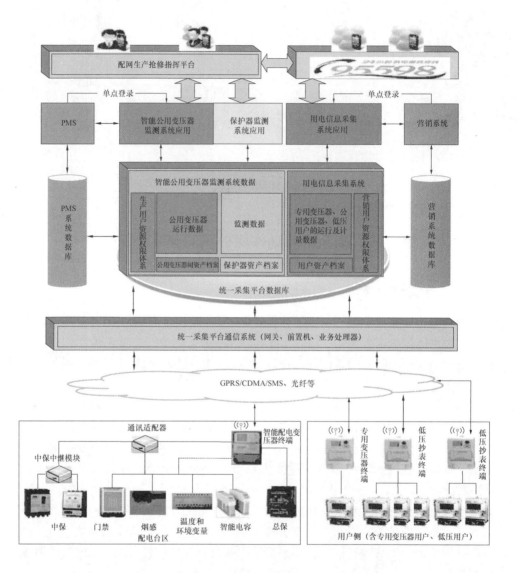

图 1-1　剩余电流动作保护器监测系统的整体架构

（3）在智能公变终端内存储相关数据，分为任务曲线数据（电压、电流、剩余电流、闸位状态等）和实时告警事件数据（剩余电流越限事件、跳闸事件、闭锁事件等），并借助智能配变监测终端的公共通信网络（移动、电信等）上传至剩余电流动作保护器监测系统进行数据处理统计，对全省的智能保护器运行情况进行监测。

（4）具有真实、有效反映智能保护器运行状况的通信规约——《剩余电流动作保护器通信规约》，该规约由中国电力科学研究院、国网浙江省电力公司、杭州华杭电子电器有限公司等单位联合国家电网公司相关专业管理部门制定，并征求了有关省、市、县供电公司意见，得到全国数十家保护器制造厂的推广应用。

（5）被监测的保护器全部是带数据采集、存储、处理、通信等功能的智能保护器，总保和中保与智能公变终端通信规约一致。

（6）智能配变监测终端为总保和中保的数据存储终端，并上传至剩余电流动作保护器监测系统主站进行数据处理统计。

（7）剩余电流动作保护器监测系统通过与用电信息采集系统、智能公变监测系统、配网生产抢修指挥平台对接，实现主动抢修作业和供电服务；并与省公司级的用电信息采集系统、智能公用配变监测系统成为国网浙江省电力公司基础信息采集平台的重要组成部分。

二、 保护器监测系统的主要功能

剩余电流动作保护器监测系统具有保护器设备管理、数据管理、运行管理、高级应用、统计分析、系统管理等主要功能，如图1-2所示。这些系统应用功能为专业管理部门开展保护器运行管理提供了技术支撑；为供电所运维人员开展对智能保护器设备管理、装接调试、数据采集、定值管理、运行分析与异常处理等提供了平台；同时通过与配网生产抢修指挥平台、低压GIS、95598等系统的集成，为开展台区故障定位、停电影响范围分析等业务应用，开展主动式供电服

图1-2　剩余电流动作保护器
监测系统主要功能

务提供技术支撑。剩余电流动作保护器监测系统主要功能的应用将在后面的章节中作具体介绍。

三、 剩余电流动作保护器监测系统的监测对象

由于剩余电流动作保护器监测系统是围绕智能保护器运行状态而发挥相应功能作用的，因此保护器监测系统的监测对象是智能保护器。智能保护器改变了传统保护器无法实现的在线监测和实时预警，满足了用户对供电可靠性和供电服务质量提升的需求，为供电企业开展主动服务提供了设备支撑，因此智能保护器也是剩余电流动作保护器监测系统的重要组成部分。

1. 智能总保护器的分类

按组合方式分，智能总保护器分为一体式和分体式；按动作机构分，智能总保护器分为断路器型和继电器型，如图1-3所示。

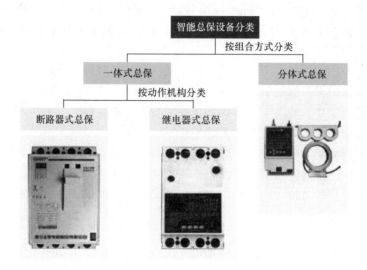

图 1-3   智能总保护器

2. 智能总保护器的主要功能和运行中的常见异常

智能总保护器的主要功能：除传统保护器的剩余电流保护、短路保护、过负荷保护、断零保护、缺相保护、过压保护、欠压保护、故障或异常告警等功能之外，增加了通讯功能、异常预警功能，增强了数据存储和分析功能。

在剩余电流动作保护器监测系统中智能总保护器运行中的常见异常主要有闭锁、剩余电流预警、频繁跳闸、退运、拒动、误动六类。保护器监测系统对保护器监测情况进行分析，依据设定判据，将异常通过系统实时进行推送，实现对智能总保护器运行情况的实时预警。

第二节   系   统   组   成

一、 系统物理架构

剩余电流动作保护器监测系统的硬件及架构沿用用电信息采集系统的布局，智能总保通过 RS-485 接入智能公变终端，智能中保通过加装通讯适配器和 Lo-Ra 网关设备接入智能公变终端，智能公变终端采用 GPRS 等通信方式经过通信网关向监测主站发送数据，如图 1-4 所示。

（一）主站硬件配置

Web 应用和接口服务部署在同一台服务器上，包含漏点补招、后台下发、对外数据发布接口等功能的后台应用以及数据库分别部署在一台独立的服务器上，逻辑图如图 1-5 所示，服务器硬件信息表如表 1-1 所示。

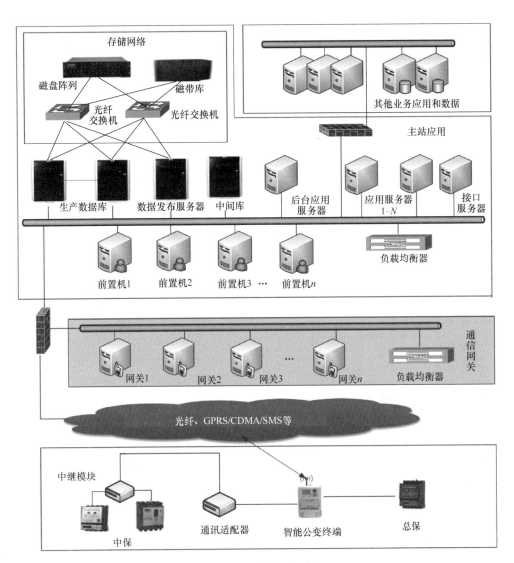

图 1-4 系统物理架构

表 1-1   服务器硬件信息表

部署区域	硬件信息	部署分布
主站应用区	CPU 160 个 Intel（R）Xeon（R）CPUE7-8850 @ 2.00GHz 内存 256GB	Web 应用 接口服务
后台应用区	CPU 160 个 Intel（R）Xeon（R）CPU E7-8850 @ 2.00GHz 内存 256GB	漏点补招 后台下发 用户短信收发 对外数据发布接口

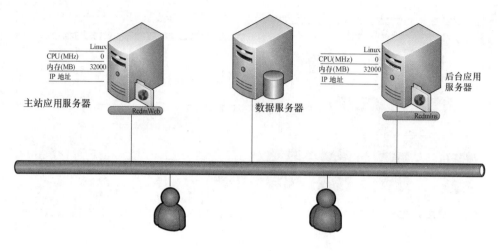

图 1-5　逻辑图

（二）数据库部分

数据库采用 Oracle 11g，使用了 2 台数据库服务器作为 RAC（Real Application Cluster），如图 1-6 所示。

A 节点：提供通信应用访问。

B 节点：部署计算服务及提供 Web 应用访问。

二、系统软件环境

剩余电流动作保护器监测系统的软件环境按照国家电网浙江省电力公司统一部署环境的要求，服务器的操作系统使用 Linux，中间件使用 JBoss，详细的版本如下所示：

（1）操作系统：Linux Red Hat 4.1.2-52。

（2）中间件：JBoss-4.2.3.GA。

（3）其他：jdk1.6.0_45、apache-ant-1.7.1 等。

图 1-6　数据库

三、系统性能

为了保证剩余电流动作保护器监测系统服务正常平稳的运行，系统必须符合系统响应速度、系统可靠性、主站设备负荷率及容量指标的要求。系统响应速度主要包含主站与终端的通讯时间、主站与数据库的交互时间、主站页面间切换的响应时间；系统可靠性指标主要包含主站的可用率以及故障时间和故障恢复时间的要求；主站设备负荷率及容量指标主要包含对主站服务器、数据库服务器以及局域网络设备的要求。

（一）系统响应速度

（1）主站巡检终端重要信息时间为 15min。

（2）常规数据召测和设置响应时间（主站发送召测命令到主站显示数据的时间）＜15s。

（3）系统对客户侧事件的响应时间≤30min。

（4）常规数据查询响应时间＜10s。

（5）模糊查询响应时间＜15s。

（6）90％界面切换响应时间≤3s，其余≤5s。

（二）系统可靠性指标

（1）主站年可用率≥99.5％。

（2）主站各类设备的平均无故障时间（MTBF）≥3×10^4h。

（3）系统故障恢复时间≤2h。

（4）由于偶发性故障而发生自动热启动的平均次数应＜1 次/3600h。

（三）主站设备负荷率及容量指标

（1）30min 内，各服务器 CPU 的平均负荷率≤35％。

（2）30min 内，人机工作站 CPU 的平均负荷率≤35％。

（3）30min 内，主站局域网的平均负荷率≤35％。

（4）系统数据在线存储≥3 年。

第三节　主站功能介绍

剩余电流动作保护器监测系统具备设备管理、数据管理、运行管理、高级应用、统计分析、系统管理等功能，同时通过与配网生产抢修指挥平台、低压 GIS、95598 系统、乡镇供电所综合业务监控平台等系统的集成，开展台区故障定位、停电影响范围分析等业务应用，为用户主动式服务提供技术支撑。下面将系统功能划分为六大功能模块，分别介绍它们的核心功能。

一、设备管理

（一）安装点管理

安装点管理主要包括安装点查询、维护、注销等功能模块，在对总保进行装接前，首先要建立总保的安装点，安装点可以通过手工单独维护也可以通过 Excel 批量导入进行维护。

（二）保护器管理

保护器管理模块主要包括保护器的入库、查询、运行状态、档案查询、SIM 卡的管理模块，主要作用是及时维护保护器条码档案，以及 SIM 卡管理模块等。

（三）装接管理

装接管理模块包括总保装接、调试，中保装接、调试和装接日志的查询功能模块，主要作用是对现场安装的保护器在系统内通过条码建立与智能公变终端的关联关系，并自动进行参数和任务设置，对保护器设备领出状态进行装接确认操作。一个智能公变终端下可以根据业务规则安装多个总保，关联关系建立后系统能自动进行参数设置和任务设置，查询参数和任务设置是否成功，并可以再次手工触发设置。

（四）装接进度管理

装接进度管理主要指在系统建设初期对各建设单位安装建设进度的管控模块，可以实时查看各单位的装接进度。

（五）设备入库管理

设备入库管理主要是针对总保、中保、SIM 卡的管理功能，在系统中申请保护器条码，需及时通过系统进行导入入库操作，另外针对 SIM 卡统计清单也需要进行导入系统操作。

（六）设备稽查

设备稽查模块主要是针对保护器安装正确率的功能统计查询模块，包括单位条码申请书、条码使用数、条码出错情况等统计功能和清单列表，需保证保护器条码厂商对应、使用单位对应、设备类型对应，进而保证保护器整体运行的质量管控准确率。

二、 数据管理

保护器数据管理包括采集任务管理、数据召测、数据查询、告警查询、报文查询等。

（一）采集任务管理

保护器采集任务管理中有四项功能模块：①任务模板制定，对保护器自动上送的数据内容进行任务模板的编制；②采集任务管理，对数据上送异常或任务下发不成功的保护器单独进行采集任务的维护，可以重复下发保护器的采集任务；③保护器任务的执行情况，按单位统计保护器任务的成功、失败数，以及查询相关明细列表；④保护器手工补招，对采集不成功的保护器数据可以通过该模块进行数据补招操作，保持曲线数据的完整性和连续性。

（二）数据召测

数据召测包括总保数据召测和中保数据召测，通过该功能模块可以实时召测读取当前保护器的运行数据以及运行状态。

（三）数据查询

保护器数据查询可以查看单个或多个采集对象每 15min 的任务曲线数据（查询结果包括 15min 三相电压、三相电流、当前剩余电流、当前最大漏电相、保护器运行状态）；可以根据单个保护器、开始日期、结束日期查询保护器任务数据；可以根据日期、保护器类型查询一批保护器的任务曲线数据；可以查询保护器运行状态异常的数据，为故障分析提供依据。

（四）告警查询

保护器告警查询可以查看单个或多个采集对象的保护器告警数据；根据单个保护器、开始日期、结束日期查询保护器告警数据；查询批量保护器的告警数据等。查询结果包括保护器闭锁事件、保护器跳闸事件、保护器跳闸原因、剩余电流越限事件。对于保护器跳闸事件可以根据跳闸告警原因进行分类查询；可以与每 15min 的任务曲线数据的保护器运行状态结合展示，判断是否合闸成功。

（五）报文查询

报文查询功能主要是为了问题分析而开发的模块，可以单独查询保护器通信报文，为问题分析提供原始数据资料。

三、运行管理

保护器的运行管理包括巡检记录、参数管理、现场维护管理、异常管理、台区经理维护、消息管理等模块。

（一）巡检记录

保护器按照运行管理规定是需要定期进行现场试跳操作的，通过系统监测后可以实现将因剩余电流超限引起的保护器跳闸和因按键试跳原因引起的保护器跳闸进行自动分类，运维人员可方便地查询巡检周期范围内未试跳且在运的保护器。

（二）参数管理

参数管理模块包括总保、中保、通讯适配器、智能公变终端、保护器档位远程管理调试、维护管理功能。

（三）现场维护管理

现场维护管理包括保护器时钟误差管理、通讯适配器时钟对时、复位重启等操作功能。

（四）异常管理

异常管理模块可以对保护器的运行数据与告警事件进行自动分析，记录保护器严重异常事件处理过程。可以按单位、时间段、异常状态查询保护器异常信息，提供异常辅助分析，包括异常发生前剩余电流最大相及最大剩余电流值。

（五）台区经理维护

对辖区内各台区的智能保护器确定运维责任人并开展相关的统计和管理。

（六）消息管理

消息管理的功能有保护器运行异常事件的短信订阅发送、单位运行指标的短信订阅，也可查询短信的发送记录。

四、 高级应用

本系统的高级应用功能包含干线超载分析、干线三相不平衡分析、剩余电流预警、剩余电流波动分析、保护器质量分析、剩余电流比对、剩余电流特性分析、问题管理平台。

（一）干线超载分析

可以按照单位进行管辖范围内的干线载流限额的维护，完成后根据保护器运行数据统计干线超载情况以及明细列表，及时进行超过载的提醒，保障设备的安全平稳运行。

（二）干线三相不平衡分析

对保护器上送的任务曲线数据中三相电流平衡情况进行分析，同时可查询不平衡的保护器明细清单，便于运维人员开展分相负荷调整工作。

（三）剩余电流预警

根据保护器上送的任务曲线数据中的剩余电流值，分析干线漏电状态趋势和保护器动作情况，该功能目前设置了两级预警，当剩余电流值达到动作值的50％时产生一级预警事件，当剩余电流值达到动作值的70％时产生二级预警事件，并且可统计保护器的预警情况。

（四）剩余电流波动分析

根据保护器上送的任务曲线数据中的当前剩余电流值，按照系统设定的阀值比例自动计算统计剩余电流的波动情况，该功能作用是对剩余电流值波动幅度过大的保护器进行统计分类，方便运维人员日常管理。

（五）保护器质量分析

从保护器安装时间开始计算运行时长和跳闸次数，系统会记录每台保护器的运行时间和跳闸次数，并对保护器的寿命和质量进行跟踪监测。对运行时长超限或总跳闸次数超过规定次数的保护器，主动提醒运维管理人员按规定开展检定工作，确保设备正常运行。

（六）剩余电流比对

根据同一条分支出线侧的总保与中保同时刻的剩余电流值进行展示比对，用拓扑图精准定位漏电隐患点位。

（七）剩余电流特性分析

按不同时间段统计出每台智能保护器剩余电流值的特征，内容包括保护器投运情况、剩余电流最大值、剩余电流最小值、剩余电流平均值以及发生时间，为问题排查提供辅助分析。

（八）问题管理平台

问题管理平台指反馈问题和技术交流的互动平台。

五、 统计分析

统计各种管理报表，按照不同时间周期进行数据统计，包括保护器安装覆盖统计、调试情况统计、投运情况统计、采集情况统计、异常处理情况统计、保护器自动调档情况统计、管理月报整理统计、跳闸报表统计、质量报表统计等。

六、 系统管理

系统管理主要使用的功能是保护器与通讯适配器的条码申请与查询、系统操作员的维护、系统操作日志查询等。

第四节　保护器监测系统建设与应用成效

剩余电流动作保护器监测系统建设是在国家推进智能电网建设和通信技术不断发展，依据国家电网公司农村用电安全强基固本工程要求的背景下开展的，以保障农村低压配电网供电安全与有效提升用户供电可靠性为目标，根据本省和当地农村用电和低压配电网的实际情况，结合供电企业已建成的信息系统，运用现代信息技术，通过对保护器在线监测，多系统信息推送交互，大数据运用，实现了供电服务能力和管理基础的提升。保护器监测系统建设的主要工作步骤有：

（1）结合实际，开展调研。组织调研，摸清线路状况和保护器等设备配置需求，统一编制系统建设中智能保护器等设备的需求计划。

（2）统一标准，制定方案。通过统一规划，采用统一通信规约和技术规范，制定保护器监测系统建设的总体方案与目标。

（3）统一步骤，试点先行。省公司统一编制系统建设实施计划，集中建设系统主站，各市、县公司按照省公司确定的系统建设目标和任务进行具体实施，保障系统建设模式的全省统一。

（4）同步推进，夯实基础。在系统建设中以项目建设与人才培训同步进行，硬件安装与软件调试同步推进，设备新装与设备升级同步实施，指标排名与劳动竞赛同步开展，施工进度与现场安全同步管控，系统应用与低压电网综合整治同步实施，以夯实基础。

（5）过程管控，闭环管理。建立例会制度，强化施工安全与建设质量管理，突出实用化原则，保障项目管控。

（6）总结完善，深化应用。及时总结试点经验，建立技术支持与售后服务保障体系。构建公网无线通信运营商、智能公变终端厂商、保护器设备供应商、主站系统开发商等技术支持与售后体系，完善远程服务、现场服务、应急服务等技术服务要求。

自 2014 年 4 月浙江省完成智能保护器覆盖农村低压电网以来，剩余电流动作保护器监测系统对全省安装运行的 23 万台智能总保、2 万台智能中保实现了在线监测。剩余电流动作保护器监测系统通过近四年的运行，实现了对智能保护器运行的异常监测和管理；与配网生产抢修指挥平台对接，实现了对故障抢修的主动服务，有效缩短了抢修时间，增强了供电保障能力，提升了供电服务水平。该系统与用电信息采集系统、智能公用配电变压器监测系统组成了浙江公司基础信息采集平台，其建设与应用成效主要反映在企业的经济效益增加、管理效能提升和社会效益明显等方面，如图 1-7 所示。

多供电量，减少线损
主动抢修实现多供电
提前处理异常，减少配网损失
及时消除漏电点，减少电能损失

管理信息化、自动化
信息化管理促进投运率，倒逼配网运维管理低配网自动化水平提升，为配网转型升级提供技术支撑

供电安全性、可靠性
加强配网监管，降低配网安全风险
实施"主动抢修"，减少平均故障修复时间

图 1-7　剩余电流动作保护器监测系统建设与应用成效

一、经济效益

剩余电流动作保护器监测系统通过两年多的实际运行，为企业增加的经济效益也是非常明显的，主要体现在以下方面：

（1）主动抢修，减少停电时间，多供电量。当停电故障发生后，供电所人员可根据监测系统告知，开展主动抢修，第一时间赶到现场，减少用户等待抢修的时间（用户拨打电话 95598，95598 客户服务中心派工单通知供电所所需时间）。经统计，平均每次缩短 0.25h 停电时间，若转化为用电时间，则增加企业的营业收入。

（2）提前处理异常，减少停电次数。通过监测系统预警，提前进行异常排查和处理，减少停电次数。经统计总保月平均跳闸次数从 0.35 次下降到 0.1 次。

（3）减少停电故障，降低运维人工费用支出。当停电故障发生后，每次抢修需出动 3 名人员（2 名抢修人员、1 名驾驶员），平均每次抢修时间 1h，则每次可减少企业成本支出，如交通费用、人工劳动成本、材料费用等。

（4）及时消除漏电点，减少线路电能损失。通过监测系统告警，及时开展线路异常排查和处理，消除漏电点，减少线路电能损耗。

二、 管理效益

各供电企业运用剩余电流动作保护器监测系统开展保护器的资产管理、装接管理、状态监测、数据采集、定值管理、运行统计等工作。管理效能的提升体现在以下方面：

（1）构建和实践了农村配电网运维新模式。通过"设备＋信息＋人"的新模式，实现管理台账电子化、设备巡视可视化、故障抢修主动化、异常处理流程化、故障排查科学化。

（2）提高了农村电网供电装置运行和管理水平，进一步夯实了农村用电安全管理基础。

1）实现了农村电网保护器由离线向在线的转变。当保护器发生跳闸、退运、闭锁、拒动、频繁动作等异常时，立即通过短信通知相关责任人，并将异常主动推送到配网生产抢修指挥平台，实现开展主动式服务。

2）实现了农村电网智能保护器应用从安装到在线运行的全过程监控。智能保护器安装后其条形码与系统就建立了对应关系，直至更换。

3）实现了农村电网保护器运维由人工巡检向在线监测的转变。

（3）有效地缩短了农村低压电网故障抢修时间。

1）实现了故障"早知道"。在低压馈线出现故障的瞬间，系统可实时报警将故障情况发送到当值人员，缩短故障的响应时间。

2）实现了故障"早抢修"。在收到故障信息后，抢修人员可以及时了解故障点范围及相关信息，提高抢修效率。

3）实现了故障停电"早通知"。通过与相关配网系统的结合，利用故障停电影响范围分析结果，及时通知用户，提高服务水平。

（4）促进了农村低压配电网运行维护，提升了供电服务质量。

1）实现了"体检式"低压配网运维。通过系统监测，改变了工作人员定期到达现场的传统巡视模式，实现了"24h全天候体检"，设备缺陷发现更及时，缺陷分析有依据，提升了设备运行可靠性，提高了农网运维水平。

2）实现了"诊断式"低压配网抢修。在数据监测的基础上，结合生产信息等系统开展业务数据分析，准确发现设备故障和异常情况，准确提供保护器跳闸后的动作信息。依据动作信息初步确定故障类型，从而有针对性地组织抢修，提升抢修效率，缩短抢修时间。

3）实现了"主动式"低压供电服务。通过系统实时监控及提醒功能，实现了在95598抢修电话来之前主动赶赴现场抢修，减少了95598工单下派，降低了投诉风险。

（5）推进了农村低压电网的转型升级工作。

1）为农村低压电网开展"智能化"运行提供落脚点。农网剩余电流动作保护器监测系统是配网自动化和智能台区的重要组成部分，可成为"安全可靠、节能环保、技术先进、管理规范"的新型农村电网的重要基础。

2）为农村低压电网开展"规范化"管理找准切入点。通过剩余电流动作保护器监测系统，开展农村低压电网专项整治，有效杜绝私拉乱接和违规用电，以及窃电事件的发生；优化农村电网结构，增强供电保障能力。

3）为提升农村低压电网自动化水平提供支撑点。通过剩余电流动作保护器监测系统，对智能保护器进行信息采集和分析，实现对农村低压电网运行情况的远程有效监测，为农村低压电网的运维提供数据基础和辅助判断依据。

（6）实现了低压配电线路与智能总保管理的营配贯通。

1）全面掌控全省低压配电台区的接地型式，为智能总保安装提供依据；全面建立低压线路分支点与保护器安装点关联信息，为智能中保安装提供依据。

2）精确定位停电范围，实现主动式抢修服务，通过实时监测智能保护器运行数据及状态，以 GIS 图形化展示故障跳闸位置，精确计算停电范围；通过异常停电信息推送，实现主动式服务，缩短抢修时间，减少用户投诉。

3）基于低压 GIS 拓扑，结合线路剩余电流数值、负荷情况、开关等，实现设备的地理沿布状态预警等分析处理。

4）在"全覆盖、全采集"的基础上，进一步通过线路与保护器的关联，实现低压配电网供电的智能化功能应用。

（7）实现了智能总保的全寿命质量管控。依据智能保护器供货检验、安装运行的相关规范，通过建立智能保护器全寿命质量管理体系，有效防范和控制质量风险，健全对保护器设备厂家的监管体系，实现对保护器设备质量的精细化管理。

三、 社会效益

国网浙江省电力公司剩余电流动作保护器监测系统经过近四年的运行，成效也越来越明显，其社会效益也得到充分肯定，主要体现在以下方面：

（1）通过实时监测智能保护器的投运状况，及时消除线路异常，有效减少供电线路中人身触电伤亡事故发生概率，提高了低压电网的供电安全性，进一步夯实了城镇和农村用电安全管理基础。

（2）提高了低压电网中智能保护器的运行管理水平和故障分析能力，增强了配网运行监管能力，有效地实施"主动抢修"，缩短了故障抢修时间，提升了低压电网的供电可靠性。

（3）促进了保护器生产企业对剩余电流动作保护器通信规约的规范和统一。

（4）提高了智能保护器生产企业的生产技术水平和能力，促进了其质量的提升。

（5）推动了智能保护器产品升级换代，减少了同类保护器不同厂家不能通用的状况（如保护器通信规约不一或个别参数不一等），减少了保护器的闲置和资源浪费。

（6）推进了低压电网供电装置的转型升级，提升了低压电网自动化和智能化水平，有效改善城乡用电环境和供电质量。

（7）促进了省、市供电公司对智能保护器的统一招标采购，各地（市）、县供电公司间保护器可调配使用，降低了供电企业成本，提高了工作效率；同时可在线开展对各厂家剩余电流动作保护器产品的质量跟踪和监督。

智能保护器安装运行要求

为保证智能保护器安装运行，低压电网、智能保护器及系统通信等必须满足相关要求。本章介绍低压电网接地型式及智能保护器对低压电网的技术要求、智能保护器选型及安装使用要求、智能保护器与监测系统通信要求、智能保护器应用管理要求等内容。

第一节　保护器对低压配电网的要求

在低压配电网中装设保护器，其接地系统型式必须满足相关要求。本节主要介绍低压电网的几种接地型式以及保护器对低压配电网的技术要求等内容。

一、 低压配电网接地型式

为保证电网安全稳定运行，低压配电网有 TT 系统、TN 系统和 IT 系统 3 种接地型式。实际使用中应根据运行环境、负荷性质、设备装置等条件采用适宜的接地型式保障人身和设备安全。对需要安装保护器的低压线路而言，其接地型式必须是 TT 系统或 TN-S 系统，而 TN-C 系统是无法在低压线路上安装保护器的，IT 系统则无法实现剩余电流保护。

（一）TT 系统

1. TT 系统定义

TT 系统电源端有一点直接接地，电气装置的外露可导电部分直接接地，此接地点在电器上独立于电源端的接地点，如图 2-1 所示。

由 TT 系统的接线原理可知，TT 系统实质上是中性点直接接地和设备外壳保护接地相配合的安全保护模式。

2. 保护接地作用分析

保护接地是指为了防止电气设备金属外壳因绝缘损坏带电而进行的接地。

采取保护接地后，接地电流将同时沿着接地体和人体两条途径注入大地，由

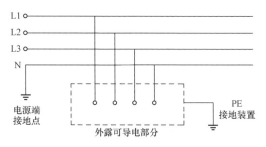

图 2-1　TT 系统接线原理

于人体与接地体相并联，其等值电路如图 2-2 所示。人体接触了外壳后，由于人体电阻一般为 1000Ω，远大于保护接地的电阻，因此流过人体的电流就很小，绝大部分电流通过保护线流入大地，从而减轻甚至避免触电伤害。从电压角度分析，采取保护接地后，故障情况下带电金属外壳或外露可导电部分的电压等于接地电流与接地电阻的乘积，其数值比相电压要小得多。接地电阻越小，外壳接地电压就越低，人体触及带电外壳时的触电伤害就越小。

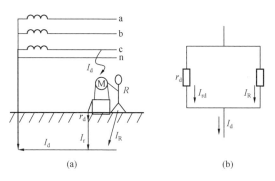

图 2-2　保护接地作用原理
（a）保护接地；（b）等值电路

保护接地对人身设备的保护作用是显而易见的，但是必须注意保护接地发挥作用的局限性。

在 TT 系统中，当发生用电设备绝缘损坏等原因造成的单相接地时，形成接地短路电流通道，短路电流经过相线、保护接地、电源中性点接地形成回路，如图 2-3 所示。理论上任何一相相线接地就构成短路故障，该相熔丝就应熔断，其他两相照常运行。但是在实际运行中，如果接地短路电流不能使保护熔体熔断或自动开关跳闸，漏电设备金属外壳将长期带电，这是很危险的。在现实中，要通过降低电源中性点接地电阻和保护接地电阻的方法来增大

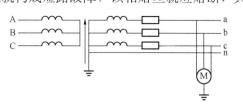

图 2-3　TT 系统单相接地电路

短路电流，以使熔体可靠熔断或自动开关可靠跳闸，但实现起来是十分困难的。假设电源中性点接地和保护接地的接地电阻均为 4Ω，相电压为 220V，则接地电流为 27.5A，此时漏电设备外壳对地电压为 110V；如果该故障电流不能使熔体熔断或自动开关跳闸，则漏电设备外壳将保持 110V 的对地电压，这对于人体来说仍然是十分危险的。

3. 剩余电流保护

通过对保护接地作用的分析，在低压电网采用 TT 系统后，保护接地还不能满足人身安全防护的安全性要求，还必须加装剩余电流动作保护装置来确保电网的安全。

在低压配电网中装设保护器是防止直接接触电击事故和间接接触电击事故的有效措施之一，也是防止电气线路和电气设备接地故障引起电气火灾和电气设备损坏事故的技术措施。因此，国家颁布了相关标准，规定在 TT 接地系统的低压电网中必须装设保护器，以提高人身设备安全防护水平。

由 TT 系统的接线原理可知，该系统能够实现剩余电流总保护、中级保护和末级保护。

4. 采用 TT 系统时应满足的要求

1）必须实施剩余电流保护，包括剩余电流总保护、剩余电流中级保护以及剩余电流末级保护。采用多级保护时，额定剩余动作电流、分断时间应满足规程要求。

2）除变压器低压侧中性点直接接地外，中性线不得再行接地且应保持与相线同等的绝缘水平，以保证剩余电流动作保护器能正确动作，可靠运行。

3）中性线不得装设熔断器或单独的开关装置，以防止中性线断线造成家用电器烧坏事故。

4）配电变压器低压侧及出线回路均应装设过电流保护装置，包括短路保护和过载保护。

（二）TN 系统

TN 系统电源端有一点直接接地，电气装置的外露可导电部分通过保护中性导体或保护导体连接到此接地点。按照中性导体与保护导体的组合情况，TN 系统又可分为 TN-C-S 系统、TN-S 系统和 TN-C 系统。

1. TN-C-S 系统

（1）TN-C-S 系统定义。

TN-C-S 系统中一部分线路的中性导体和保护导体是合一的，如图 2-4 所示。

（2）TN-C-S 系统的特点及技术要求：

1）在 TN-C-S 系统的前段是 TN-C 系统，后段是 TN-S 系统。

2）无法安装总保护，但是在后段的 TN-S 系统中可以安装中级保护。

3）在 TN-C 系统中，其中性线的电位尽可能保持接近大地电位，保护中性

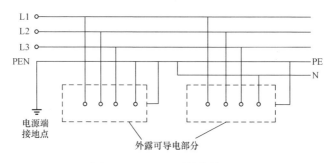

图 2-4　TN-C-S 系统接线原理

线应重复接地。

4）在后段的 TN-S 系统中，其中性线 N 只用作单相照明负载回路；保护线 PE 不许断线，也不许接入保护器。

2. TN-S 系统

（1）TN-S 系统定义。

TN-S 系统的整个系统的中性导体和保护导体是分开的，如图 2-5 所示。

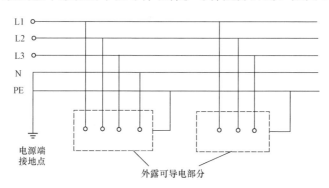

图 2-5　TN-S 系统接线原理

（2）TN-S 系统的特点及技术要求：

1）TN-S 系统的低压线路是五线制的，需要更多的材料是其一大弱点，实际应用中该接地型式并不常用。

2）系统正常运行时，中性线 N 上流过的是三相不平衡电流，保护线 PE 上没有电流，保护线 PE 对地没有电压，电气设备金属外壳接在专用的保护线 PE 上，安全可靠。

3）中性线 N 只用作单相照明负载回路；保护线 PE 不许断线，也不许接入保护器。

4）可以安装使用保护器，中性线 N 不得重复接地，保护线 PE 须重复接地。

3. TN-C 系统

TN-C 系统的整个系统的中性导体和保护导体是合一的，如图 2-6 所示。

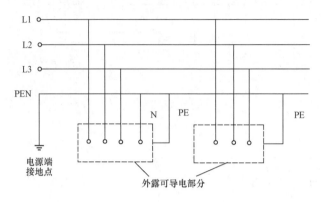

图 2-6　TN-C 系统接线原理

由 TN-C 系统的接线原理可知，TN-C 系统实质上是中性点直接接地和设备外壳保护接零相配合的安全保护模式。必须指出的是，该系统无法实现在低压线路上安装投运保护器。篇幅所限，保护接零的作用、TN-C 系统的特点及技术要求这里不再赘述。

（三）IT 系统

IT 系统电源端的带电部分不接地或有一点通过阻抗接地，电气装置的外露可导电部分直接接地，如图 2-7 所示。

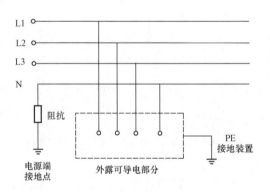

图 2-7　IT 系统接线原理

对安全有特殊要求的可采用 IT 系统。篇幅所限，IT 系统的特点及技术要求这里不再赘述。

二、 保护器对低压配电网的要求

为了保证保护器能可靠稳定运行，同时在发生单相接地和触电事故时能正确动作，保护器保护范围内的低压配电网必须满足以下要求。

（1）低压电网的接地型式必须规范。要实现剩余电流多级保护（总保、中保、户保）的低压配电网宜采用电源中性点直接接地的 TT 系统，并应注意以下几点：

1）TT 系统中性接地点的接地电阻最大不得超过 10Ω，变压器容量越大，中性点的接地电阻应越小。

2）经过保护器后电网的中性线不得重复接地，并应保持与相线相同的良好绝缘。

3）用电设备必须采用保护接地方式，否则必须拆除保护接零并改为保护接地。

（2）不能将 TT 系统的低压电网简单地改为 TN-C 系统。

将 TT 系统改为 TN-C 系统时，必须将后段用户侧改成 TN-C-S 系统，以保证所有用户均安装使用户保。在实际工作中这是很难实现的。由于原来采用 TT 系统的低压电网中农户内部用电设备通常采用保护接地方式，而用户内部的设备资产属于用户自己，因此在将 TT 系统改为 TN-C 系统时，很难实现将用户内部所有电气设备的外露可导电部分均接在独立的保护线（PEE）上。

同一低压电网中不得采用两种接地方式。如果在同一低压电网中存在保护接地和保护接零两种保护方式混用的现象，其危险是相当大的。其主要体现在两个方面：一是剩余电流动作保护器无法可靠运行，保护器的正确动作性得不到保证，当用户内部用电设备漏电时，会扩大设备外壳带电的范围；二是当用户内部发生触电事故时，会增加触电电流。

因此，TT 系统改为 TN-C 系统的前提条件是整个电网内所有用户必须装设有效的末级剩余电流动作保护器，并应保证所有户保能可靠投运和正确动作。若 TT 系统改为 TN-C 系统不完善，同时户保的作用又得不到保障，则存在的风险在于既无法安装总剩余电流动作保护装置，又不能有效隔断事故电压的蔓延，这是相当危险的。

（3）低压电网接线方式必须正确。保护器后的低压电网和设备接线必须正确，应注意以下几点：

① 中性线、相线均不得与其他路线共用。

② 两台配电变压器之间的线路不得混接。

③ 同一台配电变压器被保护的两个支路之间不得混接。

④ 一相一地的用电不能使用。

⑤ 保护器用于间接接触电击事故防护时，应正确地与电网的系统接地型式相配合。对于 TN 系统而言，必须将 TN-C 系统改造为 TN-C-S、TN-S 系统或局部 TT 系统后，再安装使用保护器。在 TN-C-S 系统中，保护器只允许使用在 N 线与 PE 线分开部分。

（4）保护接地的接地电阻应满足要求。电动机及其他电气设备安装保护器后，外露可导电部分应可靠接地，其接地电阻不应超过表2-1的规定；当保护器额定动作电流值≤30(15) mA，且在确认保护器性能可靠时，表2-1中"＊"示场所使用的上述设备允许不另装专用接地装置。

表2-1　　　　　　　　　电气设备安装保护器后对接地电阻的要求

保护器额定动作电流（mA）		15	30	50	75	100	200	300
接地电阻（Ω）	一般场所	＊	＊	500	500	500	250	160
	特别潮湿场所	＊	500	500	330	250	125	80

（5）低压电网的对地绝缘电阻必须满足要求。保护器安装地点的对地绝缘电阻晴天时不应小于0.5MΩ，雨天时不应小于0.08MΩ。用户对地泄漏电流的限值如表2-2所示。当用户对地泄漏电流依不同地区大于5mA(10mA) 时，表明出现接地故障，用户应消除故障后才能恢复用电。电动机及其他电气设备在正常运行时的对地绝缘电阻不应小于0.5MΩ。

表2-2　　　　　　　　　用户对地泄漏电流的限值　　　　　　　　　（mA）

区域	平均值	最大值
干燥地区	＜1	≤5
潮湿地区	＜（1.5~2）	≤10

（6）低压配电网正常累积的剩余电流值必须满足要求。装有保护器的线路及电气设备，其正常的剩余电流不应大于保护器额定剩余动作电流值的30％；达不到要求时，应查出原因，处理达标后再投入运行。

（7）低压配电网的线路布置应满足要求。接近架空线路的树枝应定期修剪，保持导线在最大计算弧垂的风偏情况下，其垂直和水平方向距树枝应在1m以上，特殊地方应采用绝缘导线。当低压线路采用地埋线时，三相长度应相等。

（8）低压配电网的三相负荷平衡度应满足要求。根据相关规程规定，低压配电网配电变压器出口处的三相负荷不平衡度不得大于15％，主干线和重要分支线不得大于20％。由于农村低压配电网受农村住宅分布的不规则性、客户用电负荷的不均衡性、客户用电的不同时性以及接户线安装时的工作习惯等因素的影响，农村低压电网的三相负荷往往是不平衡的。低压配电网三相负荷不平衡运行，对低压电网运行的安全性、稳定性、经济性等方面都有较大的影响。三相负荷不平衡对保护器运行的影响主要表现在以下两个方面：

1）中性线对地泄漏电流超限引起保护器跳闸。正常情况下中性线上的电流是三相不平衡电流，三相不平衡电流是由于三相四线制电网中单相负载不平衡而产生的。三相不平衡电流既不是对地产生的电流、也不是从变压器中性接地线流回的正常工作电流。三相负荷不平衡度越大时，中性线上产生的漏电电流也就越大，因此保护器越容易跳闸。

2）用户侧内部泄漏电流累积的剩余电流引起保护器跳闸。农村低压电网中泄漏电流包括低压线路上的泄漏电流和用户侧内部的泄漏电流两部分。一般用户侧内部正常的泄漏电流在3~5mA，该泄漏电流不会引起户保动作，但同相用户的泄漏电流会累积起来，从而形成为较大的剩余电流。此时，虽然电网和用户内部没有漏电故障，也会导致保护器跳闸。

案例： 台区负荷曲线和剩余电流曲线长期呈现情况如图2-8所示，系统多日连续报警剩余电流超限并经常性跳闸，多次检查均没有发现漏电点，更换保护器后情况并无好转。

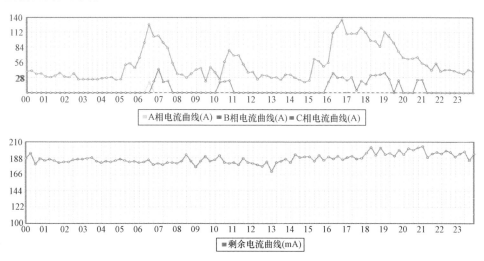

图 2-8　负荷曲线和剩余电流曲线

根据负荷曲线数据分析为三相不平衡造成，组织人员对台区用户进行分相统计，结果为 A、B、C 各相所接的单相用户数为 21、136、44 户，如果每户内部的正常泄漏电流按 3mA 计算，则 A、B、C 相上累积的正常泄漏电流分别是 63、408、132mA，由于正常泄漏基本呈容性，因此可认为同相上的泄漏电流相位相等，超前相应相电压相同的相位角，故障三相泄漏电流在相位上依次相关 120°（见图 2-9），向量计算分析如下：

$$I_x = (408 - 132)\cos30°$$

$$I_y = 63 - (408 + 132)\sin30°$$

$$I_\Delta = \sqrt{I_x^2 + I_y^2} = 316.8(\text{mA})$$

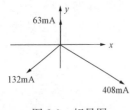

图 2-9　相量图

低压线路剩余电流达到 250mA 左右，三相负荷不平衡导致累积的剩余电流值超限，使保护器长期运行在大剩余电流的状态下，无法满足额定剩余电流值的要求（一般 30%/50%），这是引起保护器频繁跳闸的根本原因。运行单位根据以上分析结论，适时进行了负荷调整，将单相用户数均匀分配在三相上，调整后各相所接用户数分别为 61、76、64 户，理论分析的剩余电流值为 43mA。负荷调平后，系统显示总剩余电流平均值降低到 50mA 左右，保护器频繁跳闸问题得以解决，负荷调整后系统显示剩余电流曲线如图 2-10 所示（持续多日）。

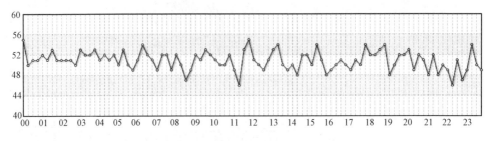

图 2-10　调整后的剩余电流曲线

第二节　智能保护器的选型及安装使用要求

低压配电网中装设保护器是防止直接接触电击事故和间接接触电击事故的有效措施之一，也是防止电气线路或电气设备接地故障引起电气火灾和电气设备损坏事故的技术措施。本节介绍智能保护器的选型配置、安装调试等内容。

一、　智能保护器的选型

智能保护器的选型应符合国家相关标准和规程的要求，低压配电网中安装智能保护器应实现分级保护的形式，各级保护器设定的额定剩余电流动作值和极限不驱动时间应有级差，上下级紧密配合，具有良好的跳闸选择性，不发生越级跳闸，以实现停电时间最短、停电次数最少、停电范围最小、供电连续性最好、投运率最高和安全性能好的要求。

（一）智能保护器型式分类

智能保护器按照安装位置可分为总保、中保和户保。总保和中保应采用延时型智能保护器。智能保护器应根据系统供电方式选择合适的极数，且极与线应匹配。

智能保护器的分类如表 2-3 所示。

表 2-3 　　　　　　　　　　　　　智能保护器分类表

智能保护器分类	延时型	断路器型一体式
		继电器型一体式
		继电器型分体式
	非延时型	断路器型一体式
		继电器型一体式
		继电器型分体式

（二）智能保护器选型一般原则

智能保护器选型一般原则如下：

（1）应根据配电变压器的容量合理选择智能保护器的额定电流，应优先选择技术成熟、工艺可靠的智能保护器。

（2）智能保护器的选型原则按《低压开关设备和控制设备　第2部分：断路器》（GB/T 14048.2—2008）中附录B、《剩余电流动作继电器》（GB/T 22387—2016）、《农村低压电网剩余电流动作保护器配置导则》（Q/GDW 11020—2013）等相关标准规定执行。

（3）智能保护器技术参数。智能保护器技术参数及功能要求如表2-4（三极四线）和表2-5（二极）所示。

表 2-4 　　　　　三极四线智能保护器的技术参数及功能要求

一、技术参数				
序号	名称		单位	标准参数值
1	极数			3P、3P＋N、4P
2	剩余电流动作保护断路器额定电流		A	63、100、160、250、400
3	额定壳架电流		A	100、250、400
4	额定电压（AC）		V	400
5	额定频率		Hz	50
6	额定剩余电流动作电流值（$I_{\Delta n}$）		mA	50、100、200、300（400A作为总保）
7	额定剩余电流不动作值		mA	$0.7I_{\Delta n}$
8	剩余电流值测量（AC型智能保护器）	范围	$I_n \leqslant 100A$，$20\%I_{\Delta n} \sim 120\%I_{\Delta n}$	$I_n > 100A$ 以上，$20\%I_{\Delta n} \sim 120\%I_{\Delta n}$
		误差	20%	10%
9	电压测量精度		±1%	
10	负荷电流测量精度		±2%	
11	剩余电流最大分断时间	s	$\leqslant 2I_{\Delta n}$	0.3、0.2
			$5I_{\Delta n}$、$10I_{\Delta n}$	0.25、0.15

序号	名称		单位	标准参数值	
12	额定极限不驱动时间		s	$\leqslant 2I_{\Delta n}$	0.2、0.1
				$5I_{\Delta n}$、$10I_{\Delta n}$	0.15、0.06
13	剩余电流动作时间误差		s	± 0.02	
14	重合闸时间		s	$20\sim 60$	
15	剩余电流动作特性分类			AC 型、A 型	
15	额定冲击耐受电压		kV	8	
17	接线方式			板前接线	
18	分、合闸方式			就地或远方	
19	通信接口	RS-485	个	1	
		红外	个	1	

二、过电流脱扣器保护特性

序号	名称	单位	标准参数值
1	过负荷保护	基准温度	$1.05I_n$，$I_n \leqslant 63A$，1h 内不脱扣；$I_n > 63A$，2h 内不脱扣
			$1.30I_n$，$I_n \leqslant 63A$，1h 内脱扣；$I_n > 63A$，2h 内脱扣
2	短路保护	任何合适温度	$10I_n$，脱扣时间<0.2s

三、温升限值

序号	名称	单位	标准参数值
1	进线端子	K	70
2	出线端子		70
3	非金属人力操作部件		35
4	非金属可触及但不可握部件		50
5	正常操作时无需触及的部件		60

四、额定运行短路分断能力

智能保护器额定壳架电流（I_n）			断路器型	继电器型
序号	名称	单位	标准参数值	标准参数值
1	63A	kA	$\geqslant 6$	$\geqslant 6$
2	100A		$\geqslant 6$	$\geqslant 6$
3	160A		$\geqslant 6$	$\geqslant 6$
4	250A（中保）		$\geqslant 10$	$\geqslant 8$
5	400A（总保）		$\geqslant 25$	$\geqslant 10$

五、总寿命				
智能保护器额定壳架电流（I_n）			断路器型	继电器型
序号	名称	单位	标准参数值	标准参数值
1	智能保护器操作循环次数（中保）	万次	≥6050	≥6050
2	100A 及以下		≥1	≥1.5
3	250A		≥0.8	≥1
4	400A		≥0.5	≥0.8

六、绝缘强度			
序号	名称	单位	标准参数值
1	工频耐压		2500V/min，无击穿及闪络
2	绝缘电阻	MΩ	≥2

七、功能配置		
序号	功能类型	标准参数值
1	剩余电流保护	判断并及时切除低压电网主干线和分支线上单相接地短路等产生的剩余电流超过设定值的故障
2	短路保护	判断并迅速切除三相短路、两相短路、三相接地短路、两相接地短路等短路故障
3	过负荷保护	预设过负荷电流定值，当回路电流值超过预设值时，按照预定设置告警或延时切断故障
4	断零、缺相保护	判断进线端相线断线和工作中性线断线故障，按照预定设置切断故障或告警
5	过电压、欠电压保护	预设线路电压上、下限值，且当线路电压高于上限值或低于下限值时，按照预定设置切断故障或告警
6	显示、监测、记录剩余电流	具有剩余电流等整定值的显示及低压电网剩余电流、故障相位等的显示，监测及跳闸次数记录等功能
7	显示、监测、记录电流	具有额定电流的显示和负荷电流的监测、显示功能
8	显示、记录保护器跳闸事件	监控并记录近10次断路器跳闸事件，内容包含每次引起跳闸的原因、故障相位、故障参数、跳闸的时间，以及跳闸前剩余电流值、电压、电流参数
9	自动重合闸	具有一次自动重合闸，闭锁后须手动恢复
10	告警	在不允许断电的场合具有报警状态功能；在进行故障检修时，保护器失去剩余电流保护跳闸功能。剩余电流保护功能关闭后，面板和通信需有相应的标志位
11	防雷	具有可插拔防雷模块，保护装置本体免遭雷击，相关技术参数符合 Q/GDW 11289—2014《剩余电流动作保护器防雷技术规范》的要求

序号	功能类型	标准参数值
12	通信	具有本地或远程通信接口（RS-485、RS-232、红外、支持本地载波、GPRS 等），通信规约符合《剩余电流动作保护器通信规约》（附录三）的技术要求
13	远方操作	可实现远程控制，能远距离进行分闸、合闸及查询运行状况等智能化操作
14	额定剩余动作电流可调	两挡可调
15	额定剩余动作电流连续可调	额定剩余电流动作值可根据实际环境进行自动调节
16	额定极限不驱动时间档位设定（连续可调）	额定极限不驱动时间档位设定在连续可调
17	时钟设定	具有高精度时钟芯片，常温下 24h 时钟偏差≤±1s，支持外部设备时钟对时
18	参数保存功能	保护器设置参数、额定剩余电流动作档位、时间、事件记录、跳闸总次数、运行时间总累计等信息在保护器失电后能保存 10 年以上

表 2-5　　　　二极智能保护器的技术参数及功能要求

一、技术参数				
序号	名称		单位	标准参数值
1	极数			2P
2	剩余电流动作保护断路器额定电流		A	32、63 、100 、160 、250
3	额定壳架电流		A	100、250
4	额定电压（AC）		V	220
5	额定频率		Hz	50
6	额定剩余电流动作电流值（$I_{\Delta n}$）		mA	50、100
7	额定剩余电流不动作值		mA	0.7 $I_{\Delta n}$
8	剩余电流值测量（AC 型智能保护器）	范围		$I_n \leqslant 100A$，$20\%I_{\Delta n} \sim 120\%I_{\Delta n}$ ／ $I_n > 100A$ 以上，$20\%I_{\Delta n} \sim 120\%I_{\Delta n}$
		误差		20% ／ 10%
9	电压测量精度			±1%
10	负荷电流测量精度			±2%
11	剩余电流最大分断时间		s	$\leqslant 2I_{\Delta n}$: 0.2 ／ $5I_{\Delta n}$、$10I_{\Delta n}$: 0.15
12	额定极限不驱动时间		s	$\leqslant 2I_{\Delta n}$: 0.1 ／ $5I_{\Delta n}$、$10I_{\Delta n}$: 0.06

序号	名称		单位	标准参数值
13	剩余电流动作时间误差		s	±0.02
14	重合闸时间		s	20～60
15	剩余电流动作特性分类			AC 型、A 型
16	额定冲击耐受电压		kV	8
17	接线方式			板前接线
18	分、合闸方式			就地或远方
19	通信接口	RS-485	个	1
		红外	个	1

二、过电流脱扣器保护特性

序号	名称	单位	标准参数值
1	过负荷保护	基准温度	1.05I_n：I_n≤63A，1h 内不脱扣；I_n＞63A，2h 内不脱扣
			1.30I_n：I_n≤63A，1h 内脱扣；I_n＞63A，2h 内脱扣
2	短路保护	任何合适温度	10I_n，脱扣时间<0.2s

三、温升限值

序号	名称	单位	标准参数值
1	进线端子		70
2	出线端子		70
3	非金属人力操作部件	K	35
4	非金属可触及但不可握部件		50
5	正常操作时无需触及的部件		60

四、额定运行短路分断能力

智能保护器额定壳架电流（I_n）			智能保护器额定运行短路分断电流（I_{cs}）
序号	名称	单位	标准参数值
1	32A		≥6
2	63A		≥6
3	100A	kA	≥6
4	160A		≥6
5	250A		≥8

五、总寿命			
智能保护器额定壳架电流（I_n）		智能保护器操作循环次数	
序号	名称	单位	标准参数值
1	智能保护器（中保）	次	≥6050
2	32A	万次	≥6
3	63A		≥6
4	100A		≥6
5	160A		≥8
6	250A		≥8
7	250A及以下（总保）		≥1

六、绝缘强度			
序号	名称	单位	标准参数值
1	工频耐压		2500V/min，无击穿及闪络
2	绝缘电阻	MΩ	≥2

七、功能配置		
序号	功能类型	标准参数值
1	剩余电流保护	判断并及时切除低压电网主干线和分支线上单相接地短路等产生的剩余电流超过设定值的故障
2	短路保护	判断并迅速切除三相短路、两相短路、三相接地短路、两相接地短路等短路故障
3	过负荷保护	预设过负荷电流定值，且当回路电流值超过预设值时，按照预定设置告警或延时切断故障
4	断零、缺相保护	判断进线端相线断线和工作中性线断线故障，按照预定设置切断故障或告警
5	过电压、欠电压保护	预设线路电压上、下限值，且当线路电压高于上限值或低于下限值时，按照预定设置切断故障或告警
6	显示、监测、记录剩余电流	具有剩余电流等整定值的显示及低压电网剩余电流、故障相位等的显示，监测及跳闸次数记录等功能
7	显示、监测、记录电流	具有额定电流的显示和负荷电流的监测、显示功能
8	显示、记录保护器跳闸事件	监控并记录近10次断路器跳闸事件，内容包含每次引起跳闸的原因、故障相位、故障参数、跳闸的时间，以及跳闸前剩余电流值、电压、电流参数
9	自动重合闸	具有一次自动重合闸，闭锁后须手动恢复
10	告警	在不允许断电的场合，具有报警状态功能；在进行故障检修时，保护器失去剩余电流保护跳闸功能。剩余电流保护功能关闭后，面板和通信需有相应的标志位

序号	功能类型	标准参数值
11	防雷	具有可插拔防雷模块,保护装置本体免遭雷击;相关技术参数符合 Q/GDW 11289—2014《剩余电流动作保护器防雷技术规范》的要求
12	通信	具有本地或远程通信接口（RS-485、RS-232、红外支持本地载波、GPRS 等）,通信规约符合《剩余电流动作保护器通信规约》（附录三）的技术要求
13	远方操作	可实现远程控制,能远距离进行分闸、合闸及查询运行状况等智能化功能
14	额定剩余动作电流可调	两挡可调
15	额定剩余动作电流连续可调	额定剩余电流动作值可根据实际环境进行自动调节
16	额定极限不驱动时间档位设定（连续可调）	额定极限不驱动时间档位设定在连续可调
17	时钟设定	具有高精度时钟芯片,常温下 24h 时钟偏差 ≤±1s,支持外部设备时钟对时
18	参数保存功能	保护器设置参数、额定剩余电流动作档位、时间、事件记录、跳闸次数、运行时间总累计等信息在保护器失电后能保存 10 年以上

（三）智能保护器的功能配置

总保和中保的功能配置应符合表 2-6 的规定。

表 2-6 总保和中保的功能配置

序号	项目	功能	总保			中保	
			断路器型	继电器型		断路器型	继电器型
				一体式	分体式		
1	剩余电流保护	总保和中保的范围是判断并及时切除低压电网主干线和分支线上断线接地等产生剩余电流的故障	✓	✓	✓	✓	✓
2	短路保护	判断并迅速切除三相短路、两相短路、三相接地短路、两相接地短路、单相接地短路等短路故障	✓	✓	×	✓	○
3	过负荷保护	预设过负荷电流定值,且当回路电流值超过预设值时,按照预定设置告警或延时切断故障	✓	✓	○	○	○
4	断零、缺相保护	判断出线端相线断线和工作中性线断线故障,按照预定设置切断故障或告警	○	○	○	○	○

31

序号	项目	功能	总保			中保	
			断路器型	继电器型		断路器型	继电器型
				一体式	分体式		
5	过电压、欠电压保护	预设线路电压上、下限值，且当线路电压高于上限值或低于下限值时，按照预定设置切断故障或告警	✓	✓	○	○	○
6	显示、监测、记录剩余电流	具有剩余电流等整定值的显示及低压电网剩余电流、故障相位等的显示，监测及跳闸次数记录等功能	✓	✓	✓	○	○
7	显示、监测、记录电流	具有额定电流的显示和负荷电流的监测、显示功能	○	○	○	○	○
8	自动重合闸	具有一次自动重合闸，闭锁后须手动恢复	✓	✓	✓	○	○
9	告警	在不允许断电的场合具有报警状态功能；在进行故障检修时，保护器失去剩余电流保护跳闸功能。剩余电流保护功能关闭后，通过面板显示和通信端口能够查看相应的标识置位	○	○	○	○	○
10	防雷	具有防雷模块，保护装置本体免遭雷击	○	○	○	○	○
11	通信	具有本地通信接口（RS-485、红外），通信规约符合《剩余电流动作保护器通信规约》（附录三）的技术要求，并与设备实际状态一致	✓	✓	✓	○	○
12	远方操作	可实现远程控制，能远距离进行分闸、合闸及查询运行状况等智能化操作	✓	✓	✓	○	○

注　"√"代表必备功能，"○"代表可选功能，"×"代表不具备功能。

（四）智能保护器的配合原则

1. 分级保护主要技术参数选配比较（见表 2-7）

表 2-7　　　　　　分级保护主要技术参数选配比较

分级保护	额定剩余动作电流	分断时间	额定极限不动作时间	重合闸时间（s）
总保	100/200/300mA	$\leqslant 2I_n$：0.3s $5I_{\Delta n}/10I_{\Delta n}$：0.25s	$\leqslant 2I_n$：0.2s $5I_{\Delta n}/10I_{\Delta n}$：0.15s	20～60
中保	50/100mA	$\leqslant 2I_n$：0.2s $5I_{\Delta n}/10I_{\Delta n}$：0.15s	$\leqslant 2I_n$：0.1s $5I_{\Delta n}/10I_{\Delta n}$：0.06s	20～60

2. 智能保护器动作电流设置要求

（1）智能保护器在动作电流设置上应有选择性。

（2）智能保护器动作电流设置应符合表 2-8 的规定。

表 2-8　　　　　　　　　智能保护器额定剩余动作电流最大值

序号	用途	级别	额定剩余动作电流最大值（mA）	
			—	其中：高湿度地区
1	总保护	一级	(50)*、100、200、300	300
2	中级保护	二级	50、100	100

注　总保护的剩余动作电流应分挡可调。

*　50mA 挡只适用于单相变压器供电的总保护。

3. 智能保护器动作时限设置要求

（1）智能保护器在动作时限设置上应有选择性。

（2）公用三相配电变压器台区智能保护器动作延时应符合表 2-9 的规定。

表 2-9　　　　　　　　　三相智能保护器动作时间选用表

序号	用途	级别	$\leqslant 2I_{\Delta n}$		$5I_{\Delta n}$、$10I_{\Delta n}$	
			极限不许动时间（s）	最大分断时间（s）	极限不许动时间（s）	最大分断时间（s）
1	总保	一级	0.2	0.3	0.15	0.25
2	中保	二级	0.1	0.2	0.06	0.15

注　$I_{\Delta n}$ 为额定剩余动作电流。

（3）公用单相配电变压器台区智能保护器动作延时应符合表 2-10 的规定。

表 2-10　　　　　　　　　单相智能保护器动作时间选用表

序号	用途	级别	$\leqslant 2I_{\Delta n}$		$5I_{\Delta n}$、$10I_{\Delta n}$	
			极限不许动时间（s）	最大分断时间（s）	极限不许动时间（s）	最大分断时间（s）
1	总保护	一级	0.1	0.2	0.06	0.15

注　$I_{\Delta n}$ 为额定剩余动作电流。

二、 智能保护器的安装使用

（一）智能保护器的使用条件

（1）一般使用条件：

1）安装地点的海拔不超过 2000m。

2）通常使用环境温度为－10～45℃，24h 温差不超过 35K。

3）在使用环境温度达到 40℃、大气湿度不超过 50% 时，或月平均温度 25℃、月平均湿度不小于 90% 时，对于因温度变化产生的凝霜应采取适当处理措施。

（2）特殊使用条件。

1）特殊使用条件按照产品实际安装地点，分为 A 类地区、B 类地区、C 类地区和高海拔地区。

a. A 类地区：使用环境温度预期为 −10～75℃。

b. B 类地区：使用环境温度预期为 −25～60℃。

c. C 类地区：使用环境温度预期为 −40～40℃。

d. 高海拔地区：使用地区海拔高度超过 2000m，但不超过 4000m。

2）智能保护器使用环境温度高于其标准环境温度时，宜采取容量上浮一档的方式处理。对过电流保护采用热磁式脱扣器的智能保护器在周围空气温度超过上限时，将额定容量降低一档使用，以确保过电流保护器不误动；对过电流保护采用电子式脱扣器的智能保护器在周围空气温度超过上限时，将额定容量降低一档使用，以确保过电流保护器温升不超过允许范围。

3）在特殊环境使用的智能保护器应进行特殊环境试验检测，主要是低温和高温环境条件下的过负荷保护和剩余电流动作特性的试验，试验检测应通过具有第三方检测资质的检测机构检测，试验合格的产品可参加投标和投入使用。

（3）安装类别：Ⅲ。

（4）电源正弦波畸变小于 5%。

（5）壳体防护等级：IP20。

（6）智能保护器安装场所附近的外磁场在任何方向不超过地磁场的 5 倍，无爆炸性、雨雪侵袭。

（二）智能保护器的安装要求

1. 总体要求

（1）智能保护器标有电源侧和负荷侧时，应按规定安装接线，不得反接。

（2）安装智能保护器（断路器型）时，应按要求在电弧喷出方向有足够的飞弧距离。

（3）组合式保护器控制回路的连接，应使用截面积不小于 1.5mm² 的铜导线。

（4）保护器安装时，必须严格区分 N 线和 PE 线，三极四线式或四极四线式保护器的 N 线应接入保护装置。通过保护器的 N 线不得作为 PE 线，不得重复接地。PE 线不得接入保护器。

（5）安装保护器后，对原有的线路和设备的接地保护措施应按要求进行检查和调整。

（6）保护器投入运行前，应操作试验按钮，检查其工作特性，确认能正常动作后，才允许投入正常运行。

（7）保护器安装后的检验项目：

1）用试验按钮试验 3 次，应正确动作。

2）保护器带额定负荷电流分合 3 次，均应可靠动作。

（8）保护器的安装必须由经技术考核合格的专业人员进行。

（9）产权所有者应建立、保存保护器的安装及试验记录。

2. 现场安装要求

（1）作业前必须进行现场查勘，查勘内容包括以下几点：

1）需要落实的安全措施。

2）确认智能保护器的型号和安装空间，主要确认智能保护器与柜体内其他设备是否匹配，以及与柜体和相邻设备的间距是否符合安全要求。

3）确认智能保护器的接线方式，主要确认智能保护器接线桩与柜体铜排宽度、孔距、孔径是否一致，以及中性线桩位置是否一致。

4）确认 RS-485 接线位置。要求选择线路短、便于固定的走线路径，尽量与强电线路分开走线。

5）确认终端软件版本，若软件版本不符则需升级或一并更换。

（2）作业前要准备好相应的材料、安全工器具和施工工器具。

（3）作业流程：

1）落实作业所需的安全措施。

2）拆除原有的智能保护器及其附件。拆除前应注意原进出线的接线顺序，若原线路颜色相同，则应做好相位标记。

3）安装固定新的智能保护器及其附件。安装前应确认智能保护器处于分闸状态。安装到位后应将连接螺钉拧紧，确保接触良好。

4）将多个智能保护器的 RS-485 线并联后接入公变终端 RS-485 通信口 COM1。RS-485 线接入不得出现露铜、螺钉压线、虚接的现象，走线必须用扎带固定。

5）在恢复送电后对智能保护器进行参数核对。

6）作业完成后需记录相关安装信息。

3. 安装注意事项

（1）组合式智能保护器的零序电流互感器为穿心式时，其穿越的主回路导线宜并拢，并注意防止在正常工作条件下不平衡磁通引起的误动作。

（2）组合式智能保护器外接控制回路的电线应采用单股铜芯绝缘电线，截面积不应小于 1.5mm^2。

（3）单独安装的剩余电流断路器或组合式保护器的剩余电流断电器宜安装在配电盘的正面便于操作的位置。

（4）带通信功能的保护器安装应注意在接 RS-485 线时不得与其他线缠绕在

一起，避免形成干扰，导致数据传输有误。

（5）原开关取下前应注意出线电缆的接线顺序，出线电缆颜色相同的应做好标记。

（6）安装时应注意中性线位置，相位排列顺序为 NABC 或 ABCN。

（7）通信线连接必须可靠，螺钉不得压在通信线的绝缘层上。

（8）通信线终端侧连接需根据说明书接线，极性不能接反。

（9）接线完成后应用万用表检查通信线是否存在短路、断路、虚接现象。

（10）检查核对智能保护器各类功能指示灯显示是否正常、参数设置是否符合相关规定。

（三）智能保护器使用要求

（1）智能保护器投入运行后必须进行定期检查，检查内容包括以下几点：

1）检查智能保护器外壳是否破损、变形。

2）检查智能保护器功能面板显示是否正常。

3）检查智能保护器是否超过有效工作年限。

4）检查智能保护器各项保护工程是否正常运作。

5）检查 RS-485 线连接有无松动、虚接。

6）检查剩余电流采样是否正确。

（2）为检验保护器在运行中的动作特性及其变化，应定期进行动作特性试验，试验项目包括以下几点：

1）测试剩余电流动作值。

2）测试分断时间。

3）测试极限不驱动时间。

（3）根据电子元器件有效工作寿命要求，电子式保护器工作年限一般为 6 年，超过规定年限应进行全面检测，根据检测结果。决定可否继续运行。

（4）因各种原因停运的保护器再次使用前，应进行通电试验，检查装置的动作情况是否正常。

（5）保护器动作后，经检查未发现动作原因时，允许试送电一次。如果再次动作，应查明原因找出故障，不得连续强行送电。必要时对其进行动作特性试验，经检查确认保护器本身发生故障时，应在最短时间内予以更换。严禁退出运行、私自拆除或强行送电。

（6）保护器运行中遇有异常现象，应由专业人员进行检查处理，以免扩大事故范围。

三、 智能保护器在保护器监测系统中的应用

（一）智能保护器资产条码

1. 智能保护器（以下简称保护器）资产条码编制与生成

（1）保护器代码依据 GDW 205—2013《电能计量器具条码》中 4.1 节的规

定进行编制。

序号	1	2	4	5
代码名称	使用单位代码	资产类型代码	产品序列号	校验码
位数（位）	5	2	14	1

（2）使用单位代码统一为 33300。

（3）资产类型代码统一为 25。

（4）每台保护器的产品序列号都是唯一。

（5）条码采用一维条码，如图 2-11 所示。条码左上角写使用单位名称——国家电网公司，右上角写产品序列号（14 位），条码下方是 22 位资产码。

图 2-11　智能保护器条码

（6）保护器通信地址为产品序列号的后 12 位。

（7）条码格式如图 2-12 所示。

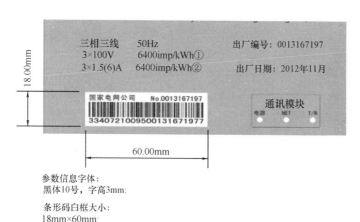

图 2-12　条码格式

2. 保护器资产条码在监测系统中的作用

（1）保护器资产设备唯一性标识；

（2）保护器的通信地址依据参数；

（3）保护器供货商、生产日期、安装日期等重要指标查询条件；

（4）保护器重要异常事件查询、处理等标识；

（5）保护器条码系统装接（注意：如资产条码设置错误或者业主单位不一致将不能建立正常的装接）；

（6）保护器供货商进行设备档案统计依据；

（7）保护器曲线任务数据和统计数据查询。

3. 关于保护器资产条码的申请

保护器资产条码由使用单位在农网保护器监测系统中进行申请。申请资产条码时选择填写的内容必须和上传的保护器资产条码申请单扫描附件内容一致，否则将作退回处理。资产条码一旦申请审批通过则无法再改动。

申请保护器资产码时，需在监测系统中正确选择对应的保护器供货商（相关供货商在供货型号的样机通过测试后，才能在系统中建立该供货商档案，条码申请时只能选择系统中已通过规约一致性测试的供货商）及保护器类型（总保或中保），如果选择错误则审批不通过。

4. 关于保护器资产条码的使用

保护器资产条码是保护器在监测系统中唯一的标识，出厂时即写入设备中，不允许修改。涉及设备档案，通信地址、厂商代码、寿命分析、质量分析等，同时也是保护器自动装接、数据查询统计、运行管理、异常处理等最重要依据。为此保护器资产条码使用必须遵循以下原则：

（1）与使用单位对应。谁申请谁使用，不准条码跨县公司使用。

（2）与产品厂商对应。申请给指定保护器厂商的条码，不能交给其他厂商使用。遇到多个保护器厂商需要条码，应逐一批次申请。

（3）与产品类型对应。只能使用申请时的类型（总保、中保），（不同类型产品不允许混合使用，系统装接时会区分条码类型）。

（4）与产品条码对应。保护器的资产条码含设备通信地址，其条码和地址必须写入设备，出厂后不允许修改，并在掉电、复位等异常情况下保证不丢失（条码必须和设备是一次性绑定，一个条码只能给唯一的一台保护器使用，并且随设备的报废而报废，不能再用到另一个设备上，现场消缺时不允许将旧条码使用在新换的保护器上，同时系统会自动计算条码启用日期和保护器内部累计总运行时间做比对，以便跟踪保护器寿命周期）。

5. 保护器资产条码管理

由于保护器资产条码是保护器资产设备唯一性标识，因此需对使用正确率（使用单位是否正确、供货厂商是否正确）进行管控。监测系统具备保护器稽查统计功能，对保护器资产条码使用正确性进行管理和评价。

保护器供货商将资产条码混用导致单位条码使用的错误，视为厂商产品管理问题。如 A 申请的保护器条码，由于保护器厂商生产发货等原因造成保护器条码出错，使保护器系统装接时提示该资产代码为 B 公司，导致单位条码使用正确率降低，将直接影响对供应商的评价。

如监测系统发现单位条码与保护器不对，应追究原因，明确相关单位责任。

6. 对原有保护器程序升级后的条码管理

原有带通信功能的保护器通过程序升级可以符合接入监测系统要求的，县级供电公司可以单独申请资产条码，交由保护器供货商将保护器条码对应写入保护器内部。

每台保护器的资产条码具有唯一性。保护器供货商对原有保护器现场升级时须做到"4 对应"，即：与使用单位对应、与产品厂商对应、与产品类型对应、与产品条码对应。

（二）智能保护器在保护器监测系统中应用前的测试

（1）测试前需提供的书面资料（包括电子版）包括：

1）产品说明书；

2）对应中标产品型号的有效期内的产品 3C 认证证书；

3）国家认可的第三方权威检测机构出具的有效通信功能检验报告（包含动作特性、环境温度的技术参数项目）；

（2）测试要求：

1）保护器供货商应提供每个规格至少 2 台保护器设备样机供测试；测试通过由测试方封存一台样机。同时提供保护器设备测试工装。

2）保护器供货商应按《剩余电流动作保护器通信规约》（简称《保护器通信规约》）的要求开发产品；按《保护器通信规约解析》（附录一）的说明来处理保护器参数档案的设置格式要求，各种异常情况下保护器状态字、控制字和异常告警的具体反应；未明确定义的规约项，应以标准规约说明为准同时配合测试，发现问题后及时修改程序，以提高测试效率。

3）保护器供货商提供的保护器设备 RS-485 响应速率（示波器监控）要求在 30～100ms 之间，以兼容各供货商的旧型号的配变终端。

（3）测试。按《保护器通信规约》对保护器样机进行规约符合性测试（包括对能够改造的保护器的测试，下同）。通过保护器测试工装模拟现场环境，输出保护器的各类实时数据、控制跳合闸、状态字、控制字和异常告警等，比对标准输出数据与抄读保护器返回数据，验证供货商提供的保护器样机是否符合《保护器通信规约》相关要求；验证是否能支持配变终端实时及中继抄读保护器功能；进行各种业务功能模块和业务流程的测试，验证模拟各种异常告警事件下保护器性能。

（三）智能保护器关闭额定剩余电流动作档位连续可调功能说明

通过对保护器监测系统的异常统计发现，异常统计中保护器拒动存在误判，保护器的曲线数据查询剩余电流动作档位设置为"连续可调"，原因是由于现场的保护器剩余电流动作档位设置成"连续可调"（保护器通信规约控制字 4 中 bit4～bit7 为 1111 是连续可调），保护器会自动上调额定剩余电流动作档位（各厂商定义为自动调节等）功能。剩余电流动作档位设置成连续可调开启，导致出现以下情况：

（1）当前剩余电流值缓慢上升或长时间维持在额定剩余电流动作值的 50％～80％时，保护器会自动上调动作档位。等当前剩余电流值降低并长时间稳定后，档位再降到原来的动作档位，避免保护器跳闸。

（2）保护器每次因剩余电流超限跳闸后，在重合闸期间会自动上调动作档位，并且根据重合闸成功后的剩余电流值判断保护器的动作档位，避免保护器再次跳闸。

（3）剩余电流动作值短时间（几分钟）超限，保护器不动作，同时视情况自动上调保护器动作档位，直到剩余电流超过最大档位对应的动作值后才跳闸。

（4）部分三相保护器不会因某一相的剩余电流超限而动作，因为三相剩余电流的矢量和可能不超过额定剩余电流动作值。

上述现象的存在会对低压配电网的安全供电失去该有的保护，并且存在安全运行隐患和危害，因此务必将其设置成其固定的额定剩余电流动作档位。

（四）智能保护器额定剩余电流动作档位调档审批管理

保护器的自动调档功能关闭后，保护器监测系统已开通保护器档位监控功能。

（1）系统中已装接的总保额定剩余电流动作值默认 300mA，三相中保额定剩余电流动作值 200mA，单相中保额定剩余电流动作值 100mA。

（2）保护器在实际运行中上述规定的剩余电流动作值不能满足现场保护器的剩余电流保护功能的开启，需要将剩余电流动作值档位往上调整时，需要在保护器监测系统中申请调档；同理，当保护器的额定剩余电流动作档位需要往低档位调整时，也需要在系统中进行申请调档的操作流程。

（3）监测系统增加调档流程，由供电所操作人员提交调档申请，再由县级管理人员进行调档审批。审批同意后，由现场人员进行保护器调档操作。

（4）通过保护器监测系统统计出保护器的额定剩余电流动作值不按照规定设置的，且不在监测系统正常的调档申请审批流程中的，系统将统计在非法调档记录中，省公司对非法调档的单位和个人追究责任。

（五）智能保护器出厂功能设置约定

供货商对各单位供货的保护器的出厂参数、功能设置必须严格遵循表 2-11 的要求。

表 2-11   智能保护器出厂功能设置

序号	功能项目	总保		中保		对应规约	备注
		一体式	分体式	一体式	分体式		
1	剩余电流	开启	开启	开启	开启	控制字 4	总保额定剩余电流动作值默认 300mA；三相中保额定剩余电流动作值 200mA；单相中保额定剩余电流动作值 100mA
2	欠压保护	关闭	开启	关闭	开启	控制字 2	辅助电源欠压动作值 165V
3	过压	关闭	关闭	关闭	关闭	控制字 2	全部产品关闭
4	缺相	关闭	关闭	关闭	关闭	控制字 2	全部产品关闭
5	缺零	关闭	关闭	关闭	关闭	控制字 3	保护器的内部零线与相线截面大小、规格一致
6	过流保护	开启	开启	开启	开启	控制字 2	过流保护为一体式断路器的最基本保护功能，一旦关闭极具危险性。一般熔断器无法完全代替一体式断路器的过流保护功能

注　当电网电压低于 165V 时，为防止保护器停止工作，造成剩余电流值超限保护器不动作，应根据挂网的技术规范要求辅助电源欠压动作值：单相 160V±5％，欠压动作值为 165V。

此外，《国网浙江省电力公司剩余电流动作保护器招标技术规范》要求，保护器出厂设置的参数在掉电后不能复位或丢失，否则将追究供货商责任。其中：

继电器型三极四线分体式剩余电流动作保护器（不设中保的总保）的辅助电源欠压动作值：单相 160V±5％（电压恢复到 187V 以上时能自动重合闸）；

继电器型三极四线分体式剩余电流动作保护器（下设中保的总保）辅助电源欠压动作值：单相 160V±5％；

继电器型三极四线分体式剩余电流动作保护器（中保）辅助电源欠压动作值：单相 160V±5％（电压恢复到 187V 以上时能自动重合闸）。

（六）智能保护器在保护器监测系统应用中常见的问题

（1）保护器 RS-485 通信口接线示意图错误及 RS-485 通信口螺丝质量问题。

（2）保护器内部通信地址、工厂代码、设备型号等出厂设置错误或没有设置。

（3）保护器附带的安装工具及附件不齐全。

（4）保护器动作当前档位和当前动作动作值没有按照动作值参数组要求匹配设置。

（5）保护器拒动，剩余电流值超过动作值，但保护器未产生跳闸动作。

（6）保护器跳闸后反映的事件原因是正常运行或为空；保护器频繁跳闸，跳闸反映的事件原因为空；保护器试跳、剩余电流跳闸都产生了越限事件记录或显示为 FF（空）。

（7）保护器失电后会产生参数丢失、时钟丢失以及运行状态字会出现跳变。

（8）保护器参数变量格式、控制命令规约格式设置错误。

（9）保护器失电再次复电后，运行状态字 1 存在不能复位的现象；运行状态字置位错误或者理解不一致。例如：如果外部状态正常时则运行状态字 1 置 00，不能先判闭锁。

（10）保护器与部分配变终端 485 通信不兼容，重合闸期间配变终端 485 无法通信（10～20s）。

（七）质量监管

（1）对已投运的带通信功能总（中）保等相关设备开展质量监管，发现产品存在质量问题，共同做好现场照片、系统截屏等资料收集，共同做好质量监管工作，同时将相关情况向县、市供电公司和省公司物资部门、分管部门反映。

（2）供货商在与使用方签订合同时，供货商须提供产品有效期内的产品 3C 认证（现场核对原件、复印件备案）、上年至合同签订时的国家质量认证中心（CQC）或其委托机构出具的漏电保护器产品的《国家强制性产品认证试验报告》（监督复查现场核对原件、复印件备案）、供应商提供国家认可的第三方权威检测机构出具的有效通信功能检验报告（包含动作特性、环境温度的技术参数项目）等证明资料。同时，供货商须对因产品质量问题造成的直接和间接损失承担相应的法律责任。

（3）保护器的额定剩余电流动作值的默认值设置原则：三相总保为 300mA，三相中保为 200mA，单相中保为 100mA，严禁擅自改动；需要调整时必须在监测调试系统中进行申请调档流程；运行中，重点检查保护器额定剩余电流动作值档位与监测系统反映的是否一致，是否存在拒动、误动情况等。保护器发生拒动、误动情况后必须及时查明原因，发现质量问题应及时处理，杜绝安全隐患。

（4）通过保护器监测系统对总（中）保等相关设备开展质量监督和考核，各供货商供货的产品从安装之日起纳入系统跟踪考核，如安装、调试、投运过程中发生因保护器原因不能安装、调试、投运的均纳入考核。对正常投运的保护器，根据系统运行管理办法自动跟踪考核。

第三节 《剩余电流动作保护器通信规约》 简介

本节介绍了《剩余电流动作保护器通信规约》的主要内容、制定背景、过程，对通用性、兼容性进行了说明，并对通信规约相关内容做了解析说明。

一、《剩余电流动作保护器通信规约》的制定背景

安装和使用剩余电流动作保护器是保障低压电网安全用电的一项有效措施，国家电网公司所辖的 27 个省（市、区）的农村低压电网中运行着 230 多万台总保、850 多万台中保。由于农村供电区域点多面广，因此如何加强保护器的安装、运维和管理，提高对农村低压电网的故障分析能力，有效地缩短故障抢修时间，提升农村用电安全水平和供电可靠性，成为供电企业、电力用户和产品生产企业关心的问题。

2012 年 5 月实施的 GB/T 27745—2011《低压电器通信规范》适用范围较广泛，所用数据多样化，为低压电器实现数据传输明确了原则。

《剩余电流动作保护器通信规约》是在国家推进智能电网建设和通信技术不断发展的背景下，根据农村低压电网中保护器的运行特点，依据国家保护器的国家标准、行业规程以及制造标准的相关规定，结合国家电网浙江省电力公司运行成熟的用电信息采集系统、智能配电变压器监测系统经验，由中国电力科学研究院、国家电网浙江省电力公司、杭州华杭电子电器有限公司等单位联合国家电网公司相关专业管理部门，有关省、市、县供电公司和数十家保护器制造厂，通过调研、讨论、试点建设应用、优化完善等工作步骤，制定的具有专业针对性和实用性的剩余电流动作保护器通信规约，可真实、有效地反映保护器运行状况，其中剩余电流参数（有当前剩余电流和剩余电流最大相）、运行状态字（涵盖保护器所需的各种状态）、额定剩余电流动作值参数组等都是保护器必不可少的，同时也是对 GB/T 27745—2011《低压电器通信规范》的补充。

目前该系统接入符合《剩余电流动作保护器通信规约》的总保有 23 万台、中保 2 万台在运行，经过近四年运行，系统性能稳定。

二、《剩余电流动作保护器通信规约》的通用性

目前全国范围内有 40 多家保护器厂商采用浙江省电力公司制定的《剩余电流动作保护器通信规约》生产了相应的产品，并且已在中国电力科学研究院通过通信规约测试，其中有 23 家厂商的产品在国家电网浙江省电力公司的剩余电流动作保护器监测系统通过入网联调测试，有 22 家的产品正在运行。

《剩余电流动作保护器通信规约》通信协议是以 DL/T 645—2007《多功能电能表通信协议》为蓝本，依据剩余电流动作保护器运行维护管理的实际需求，经过科研单位、供电企业及数十家保护器厂家通过调研、讨论、试点建设应用、优化完善等工作而制定的。从大规模管理上看，《剩余电流动作保护器通信规约》通信协议具有 12 位通信地址，最大支持 10 万亿个远程从属控制器（保护器），而 ModBus 通信协议最多只支持 247 个远程从属控制器，适合于小范围局域网通信。目前我国在低压电网中运行的线路保护器有上千万台（仅浙江省农网就有数

十万台），数量众多，如用电信息采集系统对电能表运行管理采用的是《多功能电能表通信协议》，若保护器采用 ModBus 通信协议，后续运行管理将带来较高的成本，如相同地址数据采集管理、保护器质量管理、管理唯一标识资产条码与保护器地址关联关系等，需要不同通信标识在监测系统中配合才能实现，这样才会大大缩减管理运行成本，减少资源浪费。采用基于《多功能电能表通信协议》编制的《剩余电流动作保护器通信规约》在电力系统内与其他产品组网非常便利。

《剩余电流动作保护器通信规约》符合通信产品电气参数的共性记录方式，目前剩余电流动作保护器监测系统内安装运行的智能保护器均采用该规约，不同厂商多台保护器通过共用一组 RS-485 通信总线的方式与智能公变终端进行信息数据的交互，智能保护器的运行状态数据已在多种终端设备和监测系统中进行存储，运行状况良好。通常 ModBus 协议作为工业通用的通信协议，较多厂家会自定义扩展数据内容，不同厂家的自定义扩展数据项存在冲突的概率较大，一般组网通信时也需要通过各方制定统一的数据转换，由制定设备软件程序实现信息交互兼容。

三、《剩余电流动作保护器通信规约》主要内容和相关解析

《剩余电流动作保护器通信规约》由范围、规范性引用文件、术语和定义、规约结构、物理层、数据链路层、数据标识、应用层和附录 A（标识码）、附录 B（状态字、控制字和特征字）、附录 C（剩余电流参数记录方式）组成。它规定了剩余电流动作保护器与其他从站之间的物理连接、通信链路及应用技术规范，适用于支持剩余电流动作保护器与其他从站进行点对点或一主多从的数据交换方式的通信组网系统，也适用于其他具有通信功能的剩余电流动作保护装置。保护器通信规约中运行状态字、控制字和部分参数项格式解析如下。

（一）运行状态字 1（见表 2-12）

表 2-12　　　　　　　　运行状态字 1

环境	运行状态字 1 置位	运行状态字 1 解析			事件记录内告警原因	备注——合闸过程全部完成后状态字 1 才能置 00
		告警状态 D7	闸位状态 D5~D6	告警原因 D0~D4		
正常运行状态	00	无告警	合闸	正常运行	无事件记录	
剩余电流越限（未超跳闸动作值）	00	无告警	合闸	正常运行	无事件记录	
剩余电流报警（退运）	对应各类告警原因	有告警	闭锁跳闸（剩余电流越限动作除外）	对应各类告警原因	对应各类告警原因	

环境	运行状态字1置位	运行状态字1解析			事件记录内告警原因	备注一合闸过程全部完成后状态字1才能置00
		告警状态 D7	闸位状态 D5～D6	告警原因 D0～D4		
执行跳闸动作失败	告警位 D7 置位 & 各类告警原因	有告警	合闸	对应各类告警原因	对应各类告警原因	
合闸失败	71	无告警	闭锁跳闸	合闸失败	无	(设备故障)
剩余电流越限跳闸	42	无告警	重合闸	剩余电流	剩余电流	跳闸期间
剩余电流越限跳闸闭锁	62	无告警	闭锁跳闸	剩余电流	剩余电流	
试跳	4E	无告警	重合闸	按键试验	按键试验	
试跳闭锁	6E	无告警	闭锁跳闸	按键试验	按键试验	
缺零跳闸	64	无告警	闭锁跳闸	缺零	缺零	
过载跳闸	65	无告警	闭锁跳闸	过载	过载	
短路跳闸	66	无告警	闭锁跳闸	短路	短路	
缺相跳闸	67	无告警	闭锁跳闸	缺相	缺相	
缺相恢复后自动重合闸	47	无告警	重合闸	缺相	无事件记录	
欠压跳闸	68	无告警	闭锁跳闸	欠压	欠压	
欠压恢复后自动重合闸	48	无告警	重合闸	欠压	无事件记录	
过压跳闸	69	无告警	闭锁跳闸	过压	过压	
过压恢复后自动重合闸	49	无告警	重合闸	过压	无事件记录	
接地跳闸	6A	无告警	闭锁跳闸	接地	接地	
设备停电后上电	4B	无告警	重合闸	停电	停电	上电后状态字1置位；要产生停电跳闸事件记录
定时试验跳闸	4C	无告警	重合闸	定时试验	定时试验	
定时试验跳闸闭锁	6C	无告警	闭锁跳闸	定时试验	定时试验	
远程控制拉闸	6D	无告警	闭锁跳闸	远程	远程	
远程控制合闸	4D	无告警	重合闸	远程	无事件记录	
远程模拟试验	4D	无告警	重合闸	远程	远程	
远程模拟试验跳闸闭锁	6D	无告警	闭锁跳闸	远程	远程	

| 环境 | 运行状态字 1 置位 | 运行状态字 1 解析 | | | 事件记录内告警原因 | 备注—合闸过程全部完成后状态字 1 才能置 00 |
		告警状态 D7	闸位状态 D5～D6	告警原因 D0～D4		
按键闭锁跳闸	6F	无告警	闭锁跳闸	闭锁	闭锁	
现场手动跳闸	72	无告警	闭锁跳闸	手动	手动	
互感器故障跳	70	无告警	闭锁跳闸	互感器故障	互感器故障	
现场按键设置更改	93	有告警	合闸	设置更改	无事件记录	具备自动解除告警状态功能（保持 10s 或接收一条读取命令后解除）

注 1. 运行状态字 1 只允许在故障原因发生及故障恢复并合闸成功后置位，故障保持阶段及故障恢复中间段不允许发生改变。

2. 保护器保停电、在上电后要求能产生对应的停电跳闸记录，跳闸原因置为停电，跳闸发生时间要求准确，跳闸发生时实时电压、电流和剩余电流数据要求准确。

3. 不允许因保护器保动作本身原因导致与配变终端 485 通信中断（某供货商漏报跳闸后重合闸期间 485 通信停止）。

（二）控制字 1

（1）"数据告警"位定义为发生所有异常时是否对"运行状态字 1"置位，出厂要求默认全开启。

（2）"报警灯光""报警声音"定义为发生所有异常时是否产生对应灯光或声音报警，出厂要求默认全开启。

（3）"定时试跳"位定义为是否允许保护器保执行定时试跳功能，出厂要求默认禁止。

（4）"档位返回"位定义为是否允许保护器保启用档位返回功能，出厂要求默认禁止。

（5）"重合闸"位定义为是否允许保护器保故障恢复后执行重合闸，根据招标技术规范要求按不同保护器类别来配置是否启用。

（三）控制字 2、控制字 3

（1）"数据告警"位默认开启。

（2）"跳闸控制"位定义保护器保是否允许该故障原因执行跳闸动作，根据招标技术规范要求来配置是否启用。

（3）"数据告警"与"跳闸控制"默认为一致开启或一致关闭。当发生 1 个开启、一个关闭时，以"跳闸控制"置位为准。

（4）跳闸事件记录是指只要闸位发生过动作即产生，与控制字无关联。

（四）其他

（1）保护器条码、通信地址必须严格一致，并能掉电保存。

（2）保护器"跳闸事件记录"数据单元格式中的"故障原因"直接写入跳闸发生保护器保的运行状态字 1 中的故障原因。

（3）保护器的所有参数、数据项的格式必须严格遵保护器规约定义，包括字节长度、格式、数据类型。

（4）保护器的档案参数必须完整，并能掉电保存，否则无法进行系统装接调试。

（5）保护器的参数应根据招标技术规范要求设置。

（6）保护器的电压异常保护、短路保护、过载保护等功能建议出厂关闭。

（7）保护器定时试跳功能不允许打开。

（8）保护器的供货商工厂代码必须与保护器 3C 证书中的代码保持一致。

（9）保护器所有档位对应值必须要与参数组对应值匹配。

（10）通过任意方式（含面板设置）修改所有参数必须与 RS-485 通信口设置的参数保持一致，且 RS-485 通信口读取保护器运行状态字和控制字的当前状态要与面板设置的内容一致。

（11）保护器失电后须能够维持内部时钟正常运行。

（五）部分参数项格式说明（见表 12-13）

表 12-13　　　　　　　　部分参数格式说明

名称	数据格式	码制	单位	长度	定义
控制命令	NN, uu	BCD			在报文中的顺序：NN 在前，uu 在后
通信地址	NNNNNNNNNNNN	BCD		6	产品序列号的后 12 位（见条码定义说明）
资产管理编码	AA…AA	ASCII		32	根据条码 22 位 后面补空格"20"
额定电压	AA…AA	ASCII	V	6	380—三相　220—单相 例如：380 $0×33, 0×38, 0×30, 0×20, 0×20, 0×20$ 不写单位
额定电流/基本电流（I_n）	AA…AA	ASCII	A	6	例如：100 $0×31, 0×30, 0×30, 0×20, 0×20, 0×20$ 不写单位
最大（壳架）电流（I_{nm}）	AA…AA	ASCII	A	6	同上

47

名称	数据格式	码制	单位	长度	定义
设备型号	AA…AA	ASCII		10	一体—1＊＊＊＊＊　分体—2＊＊＊＊＊ 型号如不满10位，后面补"空格"，即0×20
生产日期	AA…AA	ASCII		10	YYYYMMDD后面不足补"空格"，例如：（20130718） 0×32，0×30，0×31，0×33，0×30，0×37，0×31，0×38，0×20，0×20
协议版本号	AA…AA	ASCII		16	协议版本号后面补0×20，0×20
供货商工厂代码	AA…AA	ASCII		24	供货商代码后面补"空格" 例如华杭—A004291， 后面补0×20
供货商固件版本号	AA…AA	ASCII		32	协议版本号后面补0×20
供货商硬件版本号	AA…AA	ASCII		32	协议版本号后面补0×20
自动重合闸时间范围	AA…AA	ASCII		24	例 20-60，后面补0×20，不写单位
剩余电流动作值	出厂默认值	总保	300mA		三极四线
		中保	200mA		三极四线
		中保	100mA		二级

第四节　智能保护器与监测系统通信要求

本节介绍搭建整体系统的底层通信设备主要包括智能公变终端、通讯适配器、中继模块以及 LoRa 网关通信设备。总保直接与智能公变终端进行数据交互，中保则借助中继模块和通讯适配器的 GPRS 水平通信技术实现数据上送或借助 LoRa 通信网关实现数据上送监测系统。

智能公变终端：实时监测配电变压器的运行工况，同时作为智能配电台区通信控制中央控制设备，把智能配电台区各种智能设备的数据、状态等信息上传到主站，其中包括将总保及中保数据、状态、告警事件上送至监测系统。

通讯适配器：用于主站与中保设备间的数据通信转接、实时监测，接收主站指令，抄收和存储中保数据，根据主站要求，主动将中保数据上送至主站。

中继模块：用于现场采集中保数据后通过本地水平通信方式上送至通讯适配器中，通讯适配器再通过级联 RS-485 通道传输给智能公变终端，通过智能公变终端的 GPRS 通道传送给监测系统，从而在原有智能公变终端 GPRS 信道中实现中保数据的接入。

GPRS 水平通信模式：通讯适配器通过自带的高速 3G 通信模块实现本地 SIM 卡自主建立本地主网络，与中继模块建立 TCP 连接实现数据传输水平通信，最大支持 40 个中继模块同时接入。

LoRa 无线通信技术模式：LoRa 网关单元替代原有的通讯适配器，节点通信模块替代原有的中继模块，并将节点通信模块直接集成到智能保护器（中保）中，LoRa 网关单元用 RS-485 线与智能公变终端连接，完成信号传递。

图 2-13　智能公变终端

一、对智能公变终端要求

智能公变终端具备两路专用的 RS-485 接口，一路接入总保，该 RS-485 接口的存储、通信能力要求能够接入 6 台总保，另一路接入通讯适配器进行级联方式通信。因智能公变终端不仅承担智能总保通信任务，还要保证原有的通信业务工作，所以对智能公变终端进行软件程序升级时要满足智能保护器接入。智能公变终端如图 2-13 所示。

（1）存储要求。智能公变终端原 6 个任务数据如表 2-14 所示。

表 2-14 智能公变终端原 6 个任务数据

序号	任务名称	上送间隔	数据项数量
任务 1	省级 96 点负荷	15min	11
任务 2	零点电量	1 日	9
任务 3	电压质量类	1 日	12
任务 4	谐波电压统计	1 日	9
任务 5	谐波电流统计	1 日	24
任务 6	不平衡度统计	1 日	9

现有智能公变终端任务数据存储要求不变，再增加智能总保相关任务数据存

储，相关任务数据存储时间至少 7 天以上。

（2）新增保护器任务数据如表 2-15 所示，要求最大能接入 6 台总保。

表 2-15　　　　　　　　　　　　　新增保护器任务数据

序号	任务名称	上送间隔	数据项数量
任务 1	保护器常规数据	15min	10
任务 2	保护器运行时间	1 日	1

其中任务 1 数据项包括当前 A 相电压值、当前 B 相电压值、当前 C 相电压值、当前 A 相电流值、当前 B 相电流值、当前 C 相电流值、当前剩余电流、当前剩余电流最大相、剩余电流保护器的运行状态字 1、控制字 4。

（3）智能公变终端读取保护器数据任务：

1）读取保护器运行状态字 1，若状态字中闸位状态位为 11 且原因不是 01111——闭锁和 10010——手动，终端立即生成跳闸闭锁事件并上报。

2）读取保护器跳闸事件记录，若有新事件上报。

（4）曲线任务：

1）读取保护器当前 A 相电压值、当前 B 相电压值、当前 C 相电压值、当前 A 相电流值、当前 B 相电流值、当前 C 相电流值、当前剩余电流、当前剩余电流最大相、运行状态字 1、控制字 4，生成任务数据。

2）读取保护器剩余电流越限事件记录，若有新事件上报。

（5）日统计任务。智能公变终端每日 23：45 读取保护器运行时间总累计参数项。

（6）智能公变终端级联功能。智能公变终端升级后应具备级联功能，具体要求参见 Q/GDW-11-099—2010《公用配变监控终端技术规范》中的 4.3 配变终端级联规约。

（7）保护器告警功能。智能公变终端轮询时，读取保护器跳闸事件记录和剩余电流越限事件记录，若有新的事件则立即上报；每次轮询时应读取保护器运行状态字 1，若状态为跳闸闭锁状态，则终端立即生成并上报保护器跳闸闭锁事件。

（8）中继功能。公变终端升级后应具备中继转发功能，具体要求参见《公用配变监控终端技术规范》中的中继命令、中继任务规定。

（9）保护器通信规约。智能保护器与终端通信规约采用国家行业标准《剩余电流动作保护器通信规约》。该规约增加了负荷保护器功能的相关数据代码。

（10）终端通信规约扩充。智能公变终端和主站的通信规约将根据以上要求在浙江公司发布的 Q/GDW-11-143—2010《电能信息采集与管理系统通讯协议（公变终端部分）》的基础上进行扩展。

二、 通讯适配器功能

通讯适配器（见图 2-14）主要用于主站与中保设备间的数据通信转接、实时监测，接收主站指令，抄收和存储中保数据，根据主站要求，主动将中保数据上送至主站。

通讯适配器采用模块化设计方法，配置 3G 高速通信模块，具有 GPRS/GSM/CD-MA 等多种主站通信方式，并能主动上送任务数据及异常报警信息；具有红外/RS-485 本地维护接口；具有远程维护升级功能；能够适应高低温和高湿等恶劣运行环境。通讯适配器具备以下特色：

图 2-14　通讯适配器

(1) 通讯适配器采用高性能的工业级芯片，配备稳定可靠的操作系统。

(2) 终端硬件严格按照 EMC 国家标准和国际标准设计，装置在各种恶劣的现场环境下具有很高的可靠性，能抵御高压尖峰脉冲、强磁场、强静电、雷击浪涌的干扰，且具有很宽的工作温度范围。

(3) 通讯适配器采用 GPRS/CDMA 公用无线网络传输数据，具有传输距离不受限制、误码率低、不用自行组网、易于扩容、方便安装、投资省、免维护等特点。

(4) 远程通信模块采用模块化设计，更改通信方式时不需要更换整个装置，支持热插拔。

(5) 终端带 1 个本地红外接口，配合编程按键可现场维护与设置终端参数。

(6) 密封式设计，壁挂式结构，体积轻巧，安装方便。

(7) 支持当地/远方查询和修改终端参数，支持当地/远方对终端软件的在线升级。

(8) 人机接口齐全，现场维护方便。

(9) 系统设计满足《通讯适配器技术规范》（浙江省电力公司发布）等相关标准的规定。

(10) 本地自组网功能（水平通信）。通讯适配器通过自带的高速 3G 通信模块实现本地 SIM 卡自主建立本地主网络，与中继模块实现数据传输水平通信，最大支持 40 个中继模块同时接入。

(11) 级联从模式功能。通讯适配器支持与智能公变终端 RS-485 级联模式数据交互，智能公变终端为主，通讯适配器为从。

(12) 数据采集功能。通讯适配器能采集子网络下的各中继模块测量点的以下参数和数据：

    1）中继模块测量点参数。

    2）中继模块测量点任务数据。

    3）中继模块测量点告警事件。

（13）数据管理和存储功能。通讯适配器能按要求对采集数据进行分类存储，最大能存储 80 个测量点 15 天数据。

（14）时钟召测和对时功能。通讯适配器应有计时单元，计时单元的日计时误差≤±1s/d。通讯适配器可接收主站或本地手持设备的时钟召测和对时命令。通讯适配器应能通过本地信道对电能表进行广播对时。

（15）通讯适配器参数设置和查询。通讯适配器可主站远程或手持设备本地设置下列参数：通讯适配器逻辑地址、通讯适配器任务参数；可主站远程或手持设备本地查询通讯适配器 SIM 卡 IP 地址。

（16）事件记录。通讯适配器支持停/上电告警、测量点参数变更告警和各类保护器告警。

（17）本地功能。本地功能有电源、主网、子网、信号强度、级联 RS-485 通信、备用抄表 RS-485 通信状态等指示灯。可提供本地维护接口，支持手持设备设置参数和现场抄读各类数据，并有权限和密码管理等安全措施，防止非授权人员操作。

（18）初始化。通讯适配器接收到主站下发的初始化命令后，可分别对硬件、参数区、数据区进行初始化，参数区置为默认值，数据区清零。

（19）软件远程升级功能。通讯适配器支持主站对通讯适配器进行远程在线软件下载升级，并支持断点续传方式。

三、 中继模块的功能

图 2-15　中继模块

中继模块（见图 2-15）主要用于现场采集中保数据后通过本地水平通信方式上送至通讯适配器中，通讯适配器再通过级联 RS-485 通道传输给智能公变终端，通过智能公变终端的 GPRS 通道传送给监测系统，从而在原有智能公变终端 GPRS 信道中实现中保数据的接入。

中继模块采用模块化设计方法，配置本地 GPRS 通信模块，具有 GPRS/GSM/CDMA 等多种主站通信方式，并能主动上送任务数据及异常报警信息；具有红外/RS-485 本地维护接口；具有远程维护升级功能；能够适应高低温和高湿等恶劣运行环境。中继模块具备以下特色：

（1）中继模块采用高性能的工业级芯片，配备稳定可靠的操作系统。

（2）终端硬件严格按照 EMC 国家标准和国际标准设计，装置在各种恶劣的现场环境下具有很高的可靠性，能抵御高压尖峰脉冲、强磁场、强静电、雷击浪涌的干扰，且具有很宽的工作温度范围。

（3）远程通信模块采用模块化设计，更改通信方式时不需要更换整个装置，支持热插拔。

（4）终端带 1 个本地红外接口，配合编程按键可现场维护与设置终端参数。

（5）密封式设计，壁挂式结构，体积轻巧，安装方便。

（6）支持当地/远方查询和修改终端参数，支持当地/远方对中继模块软件进行升级。

（7）人机接口齐全，现场维护方便。

（8）系统设计满足《中继模块技术规范》（浙江省电力公司发布）等相关标准的规定。

（9）本地自组网功能（水平通信）。中继模块能通过自带的 GPRS 通信模块连接远方通讯适配器主网络，与通讯适配器实现数据传输水平通信。

（10）数据采集功能。中继模块能采集下接中保设备的负荷曲线数据、通信档案参数、实时告警事件数据等。

（11）数据管理和存储功能。中继模块能按要求对采集数据进行分类存储，最大能存储下接中保设备 15 天的各类数据。

（12）时钟召测和对时功能。中继模块应有计时单元，计时单元的日计时误差不大于±1s/d。中继模块可接收主站或本地手持设备的时钟召测和对时命令。中继模块应能通过本地信道对电能表进行广播对时。

（13）事件记录。中继模块支持各类保护器告警。

（14）本地功能。本地功能有电源、信号强度、抄表 RS-485 通信状态等指示灯。中继模块可提供本地维护接口，支持手持设备设置中继模块通信参数和现场抄读各类数据，并有权限和密码管理等安全措施，防止非授权人员操作。

（15）初始化。中继模块接收到主站下发的初始化命令后，可分别对硬件、参数区、数据区进行初始化，参数区置为默认值，数据区清零。

（16）软件远程升级功能。中继模块支持主站对中继模块进行远程在线软件下载升级，并支持断点续传方式。

四、LoRa 产品介绍

LoRa 节点通信芯片体积小，可直接嵌入智能保护器内。基于 LoRa 技术开发的节点传输芯片，体积小，可直接嵌入中级保。其安全可靠，抗干扰性强，稳定性大幅提高，采用新设计的防屏蔽玻璃钢天线（由于网关单元装在金属箱里，传统天线信号衰减严重），用绝缘支撑架固定，信号接收能力明显增强。

五、 通信拓扑架构图

为了保证通信的实效性，本系统本地通信采用多种通信模式，总保则直接通过 RS-485 有线通信模式，中保采用两种本地通信模式，每种通信技术都具备独特的通信特性，适用于不同的区域。GPRS 水平通信中保通信拓扑如图 2-16 所示。

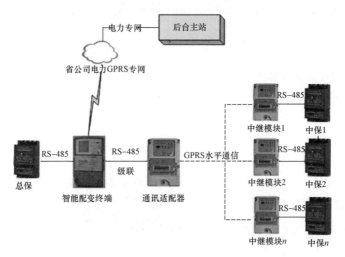

图 2-16　GPRS 水平通信中保通信拓扑

每个台区安装一台通讯适配器，每个中保处安装一台中继模块，通讯适配器与原有的智能公变终端通过 RS-485 级联，通讯适配器借助智能公变终端的 GPRS 通道与主站交互。通讯适配器与中继模块带有 GPRS 模块，两者通过 GPRS 进行通信。中继模块与中保之间通过 RS-485 通信。整个系统业务层可拆分为以下 4 个独立数据交互块进行业务解析。

（一）监测系统←→智能公变终端

智能公变终端通过级联数据传输规则，将通讯适配器主动上送的任务数据及各类告警数据上送到主站前置机中；用户在监测系统上抄读通讯适配器各测量点数据，配置通讯适配器相关参数等。

（二）智能公变终端←→通讯适配器

智能公变终端与通讯适配器通过级联 RS-485 进行连接，两者之间的数据交互按照浙江配电变压器级联逻辑进行设计（智能公变终端每 5min 轮询一次）。

通讯适配器与智能公变终端通信规约按照 Q/GDW-11-143—2010《电能信息采集与管理系统通信协议（公变终端部分）》设计，可将通讯适配器看作一个从终端。

（三）智能公变终端←→总保

智能公变终端与总保通过 RS-485 进行连接，两者之间的数据交互按照浙江配电变压器通信逻辑进行设计（智能公变终端每 1min 轮询保护器运行状态及跳闸告警事件）。

总保与智能公变终端通信规约按照《剩余电流动作保护器通信规约》设计，可将总保看作一个测量点。

（四）通讯适配器←→中继模块

通讯适配器与中继模块通过水平通信自组网模式进行数据交互，即通讯适配器支持服务端模式以自身为主网络服务器、中继模块远程 GPRS 连接到对应适配器的主网络中以实现两者之间的数据传输目的。

通讯适配器在接收到主站装接流程中的通配任务模板及任务开启标志后按照错峰机制去抄读所有已连接的中继模块测量点对应的冻结数据，把抄回的数据冻结为该中继模块测量点在该小时时刻点的任务数据；同时下发适配器本身时间标识给中继模块，中继模块根据收到的时间标识与其自身时间差来进行对时（中继模块对时机制）。

通讯适配器支持主站抄读实时测量点数据，即通讯适配器按任务模块去抄读中继模块任务冻结数据块后分别冻结为对应测量点的任务数据，并按模板规则拆分解析为单独数据项作为测量点实时数据，以支持主站实时抄读中保测量点数据功能。

通讯适配器与中继模块的水平通信连接为长连接，由通讯适配器按固定周期给中继模块发送心跳确认命令来保持两者之间的通信维持。通讯适配器支持月流量统计功能。

（五）中继模块←→中保

中继模块上电后接收到正确的主通信地址（对应通讯适配器的 IP）后自动去连接适配器的水平通信主网络，中继模块只有在正常抄读到中保设备数据后才能去连接通讯适配器主网络；如果抄读中保设备数据失败，则应暂停连接适配器主网络，直到正常抄读中保设备数据为止。

中继模块上电后使用通配地址全 AA 按每整分抄表逻辑去抄读下接中保设备数据、参数（全抄），包括电压、电流、剩余电流及最大相、运行状态字 1、控制字 4、运行累计时间、跳闸事件数据、越限事件数据、参数项（包括八项档案参数），并实时刷新存储。抄表失败时实时数据类置 FF 无效，档案参数类不刷新。

中继模块将抄读中保的实时类数据（包括电压、电流、剩余电流及最大相、运行状态字 1、控制字 4、运行累计时间、跳闸事件数据、越限事件数据）按照国家电网数据冻结模式进行数据冻结，冻结密度为 15min。

中继模块要按照智能公变终端抄读总保时的判断告警要求去实时判断中保跳闸、中保闭锁、中保剩余电流越限等中保异常告警（同样要求中继模块能存储最近 15 天的中保告警事件）并实时主动上送到对应通讯适配器。

中继模块支持月流量统计功能。

（六）LoRa 通信模式中保的通信拓扑

随着本地微功率无线通信技术的日趋成熟，LoRa 通信技术给智能低压电网中的"最后一公里"数据传输提供了一个全新的解决方案，相比原有的数据通信方案，LoRa 通信技术有通信距离远、传输速率灵活可调、环境适应能力强、通信模块耗电量低等优点，这些优点让 LoRa 更加适合作为剩余电流动作保护器监测系统中的本地短程通信技术。国网浙江省电力公司开发了基于 LoRa 无线通信技术的网关单元和节点通信模块，LoRa 网关单元替代原有的通讯适配器，节点通信模块替代原有的中继模块，并将节点通信模块直接集成到智能保护器（中保）中，LoRa 网关单元用 RS-485 通信线与智能公变终端连接，完成信号传递。LoRa 通信模式中保通信拓扑如图 2-17 所示。

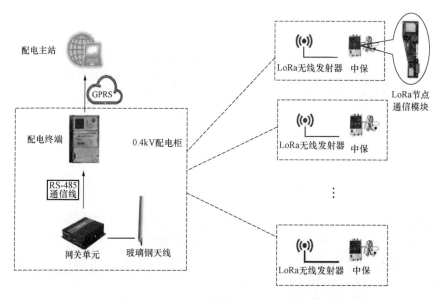

图 2-17　LoRa 通信模式中保通信拓扑

六、　关键通信技术

（一）RS-485 通信技术简介

总保与中保分别通过 RS-485 通信方式与智能公变终端和中继模块进行数据交互，智能公变终端与通讯适配器之间也同样采用 RS-485 通信方式进行级联通信。

智能公变终端、保护器、通讯适配器、中继模块均配备有 RS-485 接口。

总保的 RS-485 与智能公变终端在使用过程中需要按照 A-A 与 B-B 的方式组成总线式网络，总线连接图如图 2-18 所示。

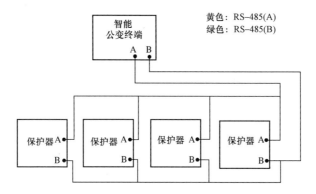

图 2-18　智能公变终端与多个保护器 RS-485 通信线示意图

RS-485 数据信号采用差分传输方式，也称为平衡传输，它使用一对双绞线，将其中一线定义为 A，另一线定义为 B，最简单的两点之间的物理架构如图 2-19 所示。

通常情况下，发送器 A、B 之间的正电平在 2～6V，是一个逻辑状态；负电平在 −6～−2V，是另一个逻辑状态。

（二）LoRa 通信技术简介

图 2-19　RS-485 的两点物理架构

LoRa 作为一种无线技术，基于 Sub-GHz 的频段使其更易以较低功耗远距离通信，可以使用电池供电或者其他能量收集的方式供电。较低的数据速率也延长了电池寿命，增加了网络的容量。LoRa 信号对建筑的穿透力也很强。LoRa 的这些技术特点更适合于低成本、大规模的物联网部署。

LoRa 无线技术的主要特点如下：

长距离：1～20km。

节点数：万级，甚至百万级。

数据速率 0.3～50kb/s。

从目前的 LoRa 应用情况来看，主要有数据透传和 LoRaWAN 协议应用。目前应用 LoRa 作为数据透传的情况多，由于网关技术和开发的门槛比较高，使用 LoRaWAN 协议组网的应用还是比较少。

一般无线距离范围在 1～2km，郊区或空旷地区无线距离会更远些。网络部署拓扑布局可以根据具体应用和场景设计部署方案。LoRa 适合于通信频次低，数据量不大的应用。一个网关可以连接多少个节点或终端设备，Semtech 官方的解释如下：一个 SX1301 有 8 个通道，使用 LoRaWAN 协议每天可以接受约 150

万包数据。如果应用每小时发送一个包，那么一个 SX1301 网关可以处理大约 62500 个终端设备。

从 LoRa 网络应用方面来看，有大网和小网之分。小网是指用户自设节点、网关和服务器，自成一个系统网络；大网就是大范围基础性的网络部署，与中国移动的通信网络一样。从 LoRa 行业从业者来看，有很多电信运营商也参与其中。随着 LoRa 设备和网络的增多，相互之间的频谱干扰是存在的，这就对通信频谱的分配和管理提出了要求，需要一个统一协调管理的机制、一个大网的管理。

（三）无线公用通信网络技术简介

智能公变终端与监测系统之间通信连接、通讯适配器与中继模块之间通信连接均采用无线公用通信网络。

智能公变终端、通讯适配器、中继模块均配备无线通信模块，智能公变终端和中继模块采用 GPRS 模块，通讯适配器配备 TD-SCDMA 模块。

无线公网通信使用通信运营商建设的公共无线网络，电力公司不用自己建设无线网络，只需购买通信运营商的 SIM 卡或 UIM 卡，并开通数据业务，现场安装通信模块即可实现数据传输，简单，方便。投资成本上的主要通信费用投资是 SIM 卡或 UIM 卡费用和后续网络使用费，一般采用包月流量的计费方式，智能公变终端和通讯适配器包月流量 20MB，中继模块包月流量 10MB。

基于信息安全方面的考虑，使用无线公网时必须设置独立的 APN/VPN，组件虚拟无线专网。从 IP 层隔离公网，使隧道外的公网 IP 与隧道内的 IP 无法互相访问，隧道内的 IP 互访也仅限于已授权的接入点。通信运营商采用 IPSee、ACL、信息加密等技术保障公网承载的信息安全性。

第五节　智能保护器应用管理要求

本节介绍了智能保护器的应用管理要求，明确了统计口径（全网、大所制供电所、供电服务区）、考核指标、定义、算法说明，以及数据统计、巡检、维护管理要求。

一、保护器覆盖率

安装总保公变比例＝已装总保公变数/公变数×100％

白名单申请说明：只有 TN-C 接地型式的台区不需要安装总保，台区才可以申请台区白名单。申请白名单通过审核后，将剔除该台区在覆盖率指标当中的计算（即白名单台区）。

二、 保护器安装率

总保安装率＝总保安装数/总保应装数×100％
中保安装率＝中保安装数/中保应装数×100％

总保：应装数即是台区安装点的维护，首先在系统中维护台区总保安装点，安装点维护完成后才能进行总保系统装接。一旦总保安装完成，则该安装点状态变成已装保护器状态，不能进行删除操作。

中保：应装数应根据通讯适配器所搜集的中保测量点信息数据进行决定，系统首先对公变终端下发通讯适配器的级联参数，确保通讯适配器能够与监测系统通信后系统接收来自通讯适配器测量点的参数等。安装数则是与总保已经建立好对应关联关系的中保数量。通讯适配器测量点参数包括保护器资产条码、额定电压、额定电流、厂商代码等与总保一致的产品参数。

三、 保护器调试成功率

保护器调试成功率＝保护器保调试成功数/保护器保安装数×100％

总保：保护器系统装接完成后进行触发调试环节，调试过程分为三步：①根据保护器资产条码自动生成保护器通信地址，公变终端根据保护器的通信地址进行中继召测总保相关设备参数；②根据实际所装总保数量，监测系统对公变终端进行设置，下发对应的测量点参数；③根据总保测量点配置，对公变终端下发总保任务参数。

中保：中保与总保在监测系统中建立关联关系后，系统首先对公变终端下发通讯适配器的级联参数，确保公变终端与通讯适配器通信成功后，则对公变终端所接的通讯适配器下发中保测量点的通配任务，通过后则完成调试。

四、 保护器采集成功率

在线采集成功率＝保护器漏保采集达标数/保护器漏保安装数×100％

式中：保护器漏保采集达标数是每日 15 分钟数据采集成功 70％以保护器漏保数；保护器漏保安装数是剔除保护器漏保统计。

五、 保护器数据完整率

数据完整率＝已采点数/应采点数×100％
已采点数＝曲线数据已采数＋统计数据已采数
应采点数＝曲线数据应采数＋统计数据应采数
曲线数据完整率＝曲线数据已采数/曲线数据应采数×100％
统计数据完整率＝统计数据已采数/统计数据应采数×100％

六、 保护器投运率

（一）按保护器有效投运数量计算的投运率

月投运比率＝（安装数－满足退运定义的数量）/安装数×100％

退运数量的界定：

定义 1：满足一个月内的退运事件＞3 次，即发生第四次退运事件时，即判断该保护器本月属于退运的保护器，本月内不能复归。

定义 2：满足保护器持续退运状态＞72 小时，即判断该保护器本月属于退运的保护器（从任务数据的状态字判断），本月内不能复归。

定义 3：满足保护器无通信状态持续时间＞72 小时或无通信事件＞3 次，当通信恢复后，能满足补招回前面提及无通信状态时间段内的 60％及以上数据，且补招回数据不满足定义 1 和定义 2 的，属本月内能复归的保护器。否则，即判断该保护器本月属于退运的保护器（由于公变终端故障或更换维护等原因引起的无通信时间和事件可予以剔除）。

说明：（1）保护器更换、拆除的规定。保护器安装调试成功以后，在正式运行期间，同一个安装点不允许重装或更换同一个资产条码的保护器。

（2）对本月内新装的保护器，从安装完成后开始计算有效投运数量比率，如安装完成时间距离月末 24 时＜72 小时的，本月将不纳入有效投运数量比率的统计范围。

（3）对本月内拆除的保护器，从本月 1 日 0 时至拆除时间点算作有效投运数量比率统计范围，如保护器拆除时间满足：本月 1 日 0 时＜完成安装时间点＜本月 72 小时（本月三日 24 时），本月将不纳入有效投运数量比率的统计范围。

（二）按保护器有效投运时间计算的投运率

日投运率＝$\sum t_n$/［（$N×24$（日投运小时））＋（$T_1+T_2\cdots T_m$）］×100％

式中　　$\sum t_n$——统计范围内每台保护器日投运时间之和，h；n 为该日投运的保护器总数，$n\geqslant1$；$n=N+m$。

　　　　N——该日统计范围内没有发生状态改变（新增、拆除）的保护器数量（剔除备用），$N\geqslant0$。

$T_1+T_2\cdots T_m$——保护器在该日如有新装、拆除状态以完成状态变更后的运行时间开始计算，h；m 为该日投运的新装、拆除状态的保护器数量，$m\geqslant0$。

　　　　月投运率＝$\sum t_n$/［（$N×M_t$）＋（$T_1+T_2\cdots T_M$）］×100％

　　　　$\sum t_n$——统计范围内每台保护器月投运时间之和，h；n 为该月投运的保护器总数，$n\geqslant1$，$n=N+M$。

　　　　N——本月统计范围内没有发生状态改变（新增、拆除）已安装总保数量（剔除备用），$N\geqslant0$。

M_t——月度单位时间（例如 6 月单位时间 24h×30d＝720h）。

$T_1＋T_2＋\cdots＋T_M$——保护器在本月内如有新装、拆除状态以完成状态变更后的运行时间开始计算，h；M 为该月投运的新装、拆除状态的保护器数量，$M\geqslant0$。

目前系统对保护器投运率有两种计算方式：第一种是按保护器有效投运数量计算的投运率；第二种是按保护器有效投运时间计算的投运率。现在采用的是第一种计算方式，系统两种保护器投运率计算方式会同时存在，今后将根据实际运行和需求情况，统一采用其中一种计算方式或两种计算方式相结合。

七、 保护器异常处理率

异常处理率＝（及时处理数＋超期处理数）/异常次数×100％

设备异常率＝保护器异常数/保护器安装数×100％

异常及时处理数＝异常次数－超期处理数－未处理数

异常及时处理率＝异常及时处理数/异常次数×100％

保护器安装数（剔除保护器漏保护数量）

超期处理

已处理异常，并且恢复时间－发生时间≥48h（闭锁）

已处理异常，并且恢复时间－发生时间≥96h（剩余电流、拒动、频繁动作、误跳）

目前，保护器监测系统会统计 5 类异常，分别是闭锁、退运、频繁动作、拒动、误动。

（1）保护器闭锁。实时统计保护器的运行状态，一旦发生保护器闭锁，1min 以内即产生一条保护器闭锁异常。闭锁发生后主站判断时间是 1min 内。

（2）保护器退运。根据每 15min 的控制字 4 剩余电流报警是否启用的信息，系统判断保护器的当前状态是否退运。退运发生后主站的判断时间是 15min 内。

月累计退运总保的定义详见本节"六、保护器投运率"。

（3）保护器拒动。主站根据保护器当前闸位状态、当前剩余电流值、剩余电流动作值以及保护器是否是退出剩余电流保护状态等综合分析得出当前保护器是否是存在拒动的现象（判断拒动发生后时间 15min 内）。

（4）保护器频繁动作。系统会根据过去 24h 内发生的跳闸事件告警的次数，判断保护器是否存在频繁跳闸的现象。系统根据跳闸事件的次数判断，24h 内发生 3 次跳闸即产生频繁动作异常。

（5）保护器误动。系统会根据保护器的任务数据及运行状态、跳闸告警事件等，综合分析得出保护器是否在所有数据及状态正常的情况下产生跳闸事件的误动作。误动发生后主站异常产生。判断条件：跳闸事件中跳闸前的剩余电流值/当前额定剩余电流动作值＜50％，并且，召测当前剩余电流/当前额定剩余电流动作值<50%，即保护器误跳异常，判断时间 1min 内。

八、 保护器非法调档率

保护器安装数（指剔除保护器漏保护数量）

$$非法调档率＝非法调档数/保护器安装数×100\%$$

保护器非法调档情况见前文的详细描述。

九、 保护器自动调档率

保护器安装数（指剔除保护器漏保护数量）判定保护器档位是否属于自动调档根据保护器任务曲线中数据档位状态，如设定在"连续可调"的档位上，系统即判断该保护器为自动调档。

额定剩余电流动作档位自动调档比例＝额定剩余电流动作档位自动调档数量/安装数量×100%

额定极限不驱动时间档位自动调档比例＝额定极限不驱动时间档位自动调档数量/安装数量×100%

十、 保护器多次跳闸率

最近 3 天，保护器有 2 天以上发生过跳闸的（告警原因为试验的除外），则判断为多次跳闸。

$$多次跳闸率＝多次跳闸数/保护器安装数×100\%$$

十一、 保护器运行统计指标

$$运行故障率＝故障数量/（运行数量＋故障数量）×100\%$$

十二、 保护器报废统计指标

（1）应报废数：异常处理后，选择原因为"保护器侧"，则计入该指标项。

（2）报废数：异常处理后，选择原因为"保护器侧"，并且已经报废的保护器数量（注：非异常原因引起的保护器报废数不纳入本指标控制）。

（3）时间差＝保护器报废时间－异常处理时间（原因为"保护器侧"的异常，若有多个，取最早的一个）

（4）平均时间差＝时间差/实际报废数

（5）实际报废数是 6 类异常的报废数总和。

十三、 保护器监测系统月度统计指标

（1）安装总保公变比率＝已装总保公变数/公变数×100%

（2）本月总保安装比率＝调试成功数/（应装数－备用总保数）×100%

（3）本月总保投运比率＝投运时间/有效安装时间×100％

（4）跳闸次数：仅统计保护器自动跳闸类的原因（剩余电流、缺零、过载、短路、互感器故障）的跳闸告警

（5）有效投运数＝月内每台总保投运小时数之和/月小时数

（6）本月总保平均跳闸次数＝跳闸次数/有效投运数

（7）本月重复跳闸总保比率＝本月跳闸≥3次总保数/有效投运数×100％，仅统计保护器自动跳闸类原因（剩余电流、缺零、过载、短路、互感器故障）的跳闸告警

（8）总保跳闸指数＝（1－本月重复跳闸总保比率/100）×0.4＋［1－（本月总保平均跳闸次数×0.4）/全省总保平均跳闸次数］×0.1

注：当［1－（本月总保平均跳闸次数×0.4）/全省总保平均跳闸次数］×0.1小于0时，按0计算

（9）总保安全运行指数＝安装总保公变比率/100×（本月总保投运比率/100×0.5＋总保跳闸指数）×100

十四、 保护器监测系统季度度统计指标

（1）安装总保公变比率＝已装总保公变数/公变数×100％

（2）季度总保安装比率＝调试成功数/（应装数－备用总保数）×100％

（3）季度总保投运比率＝投运时间/有效安装时间×100％

（4）跳闸次数、连续2月跳闸达到2次的总保数：仅统计保护器自动跳闸类原因（剩余电流、缺零、过载、短路、互感器故障）的跳闸告警。

（5）有效投运数＝季度内每台总保投运小时数之和/季度小时数

（6）季度总保平均跳闸次数＝跳闸次数/有效投运数

（7）季度重复跳闸总保比率＝季度跳闸≥3次总保数/有效投运数×100％，仅统计保护器自动跳闸类原因（剩余电流、缺零、过载、短路、互感器故障）的跳闸告警

（8）总保跳闸指数＝（1－季度重复跳闸总保比率/100）×0.4＋［1－（季度总保平均跳闸次数×0.4）/全省总保平均跳闸次数］×0.1

（注：当［1－（本月总保平均跳闸次数×0.4）/全省总保平均跳闸次数］×0.1小于0时，按0计算）

（9）总保安全运行指数＝安装总保公变比率/100×（季度总保投运比率/100×0.5＋总保跳闸指数）×100

十五、 保护器累计运行总情况

统计口径为使用单位、保护器厂商。

说明：保护器根据每天上送的统计任务数据和实时上送跳闸事件，监测系统

会根据保护器安装日期和跳闸事件次数每天自动累计增加，系统可自定义选择相关日期及保护器跳闸次数筛选查询，如表 2-16 和表 2-17 所示。

表 2-16 　　　　　　　　　　**根据使用单位进行统计**

按单位统计结果：

单位	保护器安装数	总运行时间>100 天	总跳闸次数>1000 次	总运行时间>100 天并且总跳闸次数>1000 次
杭州供电公司	30 477	15 488	13	9
宁波供电公司	20 584	1694	72	4
嘉兴供电公司	33 165	0	0	0
湖州供电公司	28 842	10 021	1	0
绍兴供电公司	25 136	16 130	20	9
衢州供电公司	10 052	4142	0	0
金华供电公司	23 293	15 142	7	5
温州供电公司	8174	2010	37	24
台州供电公司	26 456	16 197	38	30
丽水供电公司	10 127	3575	3	3
舟山供电公司	1396	743	1	1
汇总	217 702	85 142	192	85

表 2-17 　　　　　　　　　　**根据保护器厂商进行统计**

按厂家统计结果：

厂家	保护器安装数	总运行时间>100 天	总跳闸次数>1000 次	总运行时间>100 天并且总跳闸次数>1000 次
	3064	15	3	0
	2	0	0	0
	3218	1696	0	0
	638	12	60	1
	575	57	0	0
	4026	3043	2	2
	1678	253	0	0
	4518	83	0	0
	4672	243	4	3
	1655	1153	10	8
	37 479	12 318	7	4

十六、 保护器巡检管理

保护器应遵循相关标准、周期性进行功能性试跳实验。根据保护器跳闸事件中的跳闸原因分类，统计出保护器的试跳数量、试跳率等数据指标。

十七、 台区经理维护管理

监测系统中异常短信是根据台区与台区经理进行关联后，通过台区经理的手机号码发送短信通知，所以需在用电信息采集系统中将台区经理进行维护。

第三章

剩余电流动作保护器监测系统的功能应用

剩余电流动作保护器监测系统具有保护器设备管理、数据管理、运行管理、高级应用、统计分析、系统管理等功能，为专业管理部门提供了保护器运行管理技术支撑，同时也为基层供电所运行人员提供了保护器设备管理、装接调试、数据采集、运行分析及异常处理等标准化工作流程与应用平台。

第一节 设 备 管 理

设备管理模块具有安装点管理、保护器管理❶、装接管理、装接进度、设备入库、设备稽查等功能子菜单，可以实时监控和查询保护器安装点数、保护器生产厂家、规格型号、投运日期、使用年限、采购批次、安装地址、通信地址、低压回路等档案信息，实现了保护器设备的入库、出库、安装、更换、报废等流程管理。设备管理模块结构框图如图 3-1 所示。

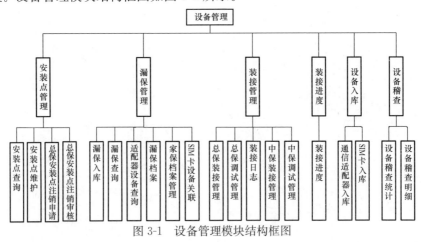

图 3-1 设备管理模块结构框图

---

❶ 保护器俗称漏保，户保俗称家保。

通过设备管理模块的应用，可以及时掌握各单位保护器覆盖情况；实现了保护器资产全过程管理，保护器台账能够自动更新，确保了台账的准确性，实现了台账的信息化管理，提高了设备基础管理水平；能够及时了解和管理保护器（包括中保）的装接、调试工作情况；能够实时掌握保护器的安装进度；可以批量导入通讯适配器、SIM 入库，能快速建立中保关系的维护，为中保关系的维护提供了便利；可以实时查询出信息出错的保护器清单，主动找出问题保护器，及时消除隐患，从而有效提升对保护器的设备管理工作水平。

一、 安装点管理

保护器在现场安装完成后，须在系统中接入调试，调试成功后才能实现在线监测。为此，系统中设置了安装点管理模块，使管理部门和运行单位可清晰地了解到本地区保护器安装覆盖情况。

（一）安装点查询

系统菜单路径：设备管理→安装点管理→安装点查询。

该功能可根据节点名、安装点分类、是否已安装保护器等查询条件，查询各个配电变压器终端下安装点的使用情况，主要包括公变名称、公变终端局号、安装点分类等信息，如图 3-2 所示。

图 3-2　安装点查询界面

（二）安装点维护

该功能可根据节点名、公变逻辑地址、出线个数等查询条件，查询出各个保护器的安装点信息，主要包括公变名称、公变终端局号、出线数等信息，同时可以进行安装点的维护、安装点名称修改；通过批量导入功能能够对安装点进行批量维护，减少安装点维护工作量，如图 3-3 所示。

二、 保护器管理

保护器管理可以实现保护器入库、保护器统计、保护器查询、通讯适配器设备查询、保护器档案、家保档案统计、家保档案管理、SIM 卡关联设备查询功能。保护器管理模块改变了传统保护器台账均为纸质资料的现状，实现了保护器

图 3-3　安装点维护界面

设备台账的电子化。使用人员可以随时通过系统查询保护器的档案信息以及保护器的运行状态。

（一）保护器入库

系统菜单路径：设备管理→保护器管理→保护器入库。

该功能可根据节点名、保护器分类、生产厂家等查询条件查询该节点下保护器的入库情况，主要包含保护器条码、状态、安装时间等信息，如图 3-4 所示。

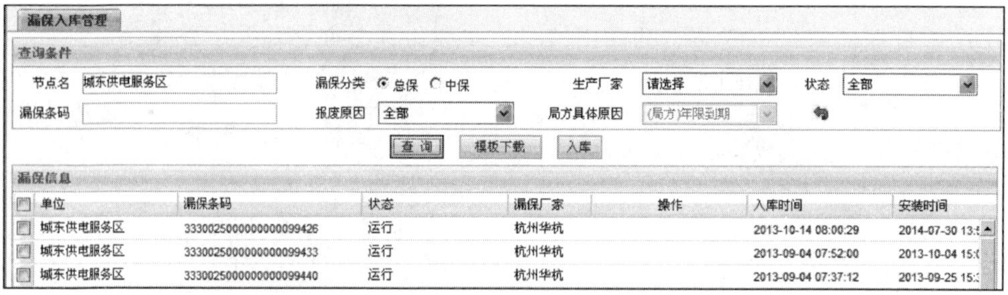

图 3-4　保护器入库管理界面

（二）保护器查询

系统菜单路径：设备管理→保护器管理→保护器查询。

该功能可根据节点名、保护器分类、生产厂家等查询条件，查询该节点下保护器的信息。显示的保护器设备信息包括保护器厂家、生产日期、安装日期、入库时间、拆除时间、报废时间、设备型号、额定电压、额定电流、当前剩余电流动作值等，如图 3-5 所示。

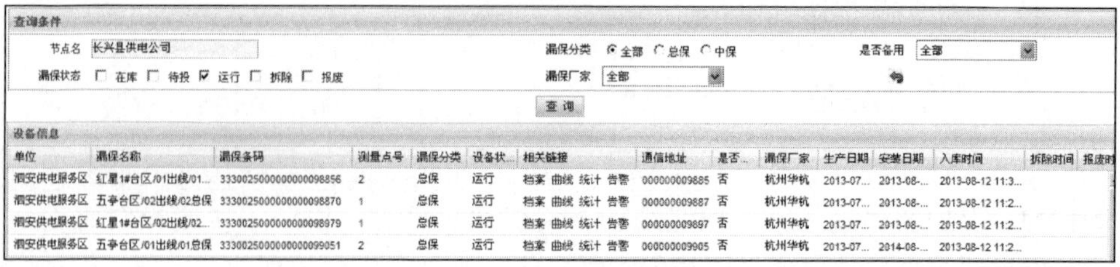

图 3-5　保护器查询界面

（三）适配器设备查询

系统菜单路径：设备管理→保护器管理→通讯适配器设备查询。

该功能可根据节点名、通讯适配器状态、通讯适配器厂家等查询条件，查询该节点下的通讯适配器信息，主要包括通讯适配器条码、适配器逻辑地址、适配器状态（在库、使用、待投、拆除、报废）等信息，如图 3-6 所示。

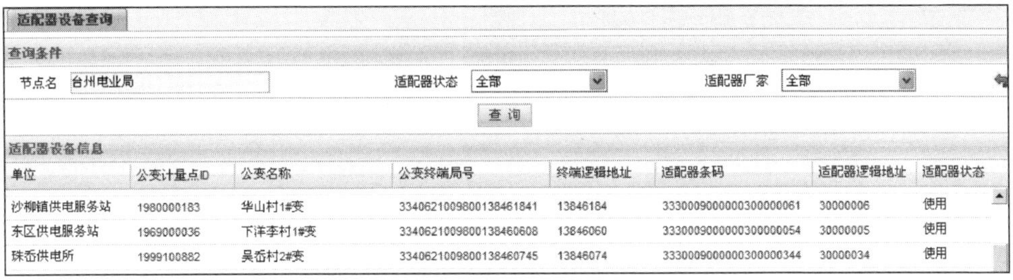

图 3-6　适配器设备查询界面

（四）保护器档案

系统菜单路径：设备管理→保护器管理→保护器档案。

保护器档案分为档案查询、曲线数据查询、统计数据查询和保护器告警查询 4 个功能子菜单，分别用于查询单个保护器档案信息、保护器根据曲线任务上送的数据、保护器根据统计数据任务上送的数据、保护器发生的告警，如图 3-7 所示。

图 3-7　保护器档案界面

（五）SIM 卡关联设备

系统菜单路径：设备管理→保护器管理→SIM 卡关联设备。

该功能可根据功能节点名、设备分类、SIM 卡卡号、SIM 卡串码、SIM 卡 IP 查看 SIM 卡关联的中保或者通讯适配器信息，当某张 SIM 卡流量异常时可以快速地找到相应的中保或者适配器进行处理，如图 3-8 所示。

图 3-8　SIM 卡关联设备界面

三、 装接管理

保护器现场安装完成后，只有在系统上对其完成装接、调试流程，才能实现对保护器的监控和管理。为此，系统开发了装接管理模块，运行人员可以通过对保护器装接管理模块的应用，更好地了解和管理保护器的装接、调试工作。

装接管理可以实现总保装接管理、总保调试管理、装接日志、中保装接管理、中保调试管理功能。

（一）总保装接管理

系统菜单路径：设备管理→装接管理→总保装接管理。

总保装接是指完成保护器现场安装后，在系统侧进行总保装接的操作。该功能可根据节点名、公变名称、公变终端局号等查询条件，查询出该节点下的终端信息、装接总保情况，如图 3-9 所示。

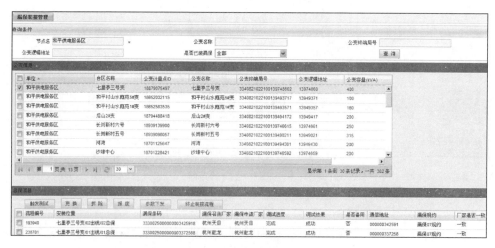

图 3-9　总保装接管理界面

（二）总保调试管理

系统菜单路径：设备管理→装接管理→总保调试管理。

总保调试管理是为了了解保护器调试时每一步的完成情况，特别是在保护器装接失败时，可以方便地查询出具体是哪一个环节出现的问题，方便问题的排查，提高装接效率。该功能可根据节点名、保护器条码、调试进度等查询条件，查询该节点下保护器的调试情况，同时可进行保护器的系统触发调试，如图3-10所示。

图 3-10　总保调试管理界面

（三）装接日志

系统菜单路径：设备管理→装接管理→装接日志。

装接日志是记录的与保护器装接有关的信息，主要有生成保护器装接方案、注销安装点、触发测试等几类。每条记录都包含操作员、操作时间、IP 地址等信息。如果出现错误，可根据这些记录排查并确定责任人。该功能可根据节点名、操作员 ID、IP 地址等查询条件，查询该节点下保护器的装接调试的过程记录，主要包含保护器条码、操作内容、操作时间等信息，如图 3-11 所示。

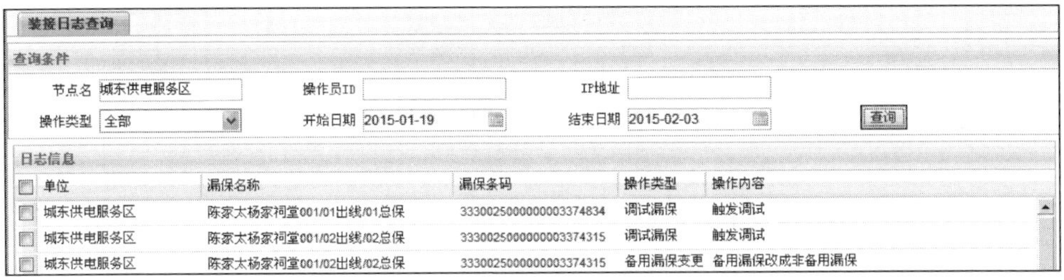

图 3-11　装接日志界面

（四）中保装接管理

系统菜单路径：设备管理→装接管理→中保装接管理。

中保装接是指完成中保现场安装后，在系统侧进行中保装接的操作。该功能可根据节点名、公变名称、公变终端局号等查询条件，查询出终端信息，进行关联通讯适配器操作，如图3-12所示。

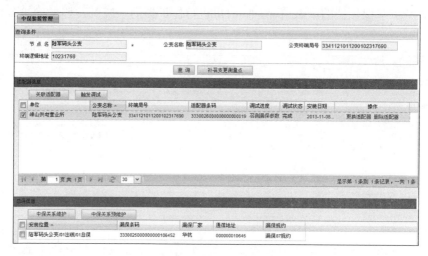

图3-12　中保装接管理界面

（五）中保调试管理

系统菜单路径：设备管理→装接管理→中保调试管理。

中保调试管理是为了了解保护器调试时每一步的完成情况，特别是在保护器关联失败时，可以方便地查询出具体是哪一个环节出现的问题，方便问题的排查，提高装接效率。该功能可根据节点名、通讯适配器条形码、调试进度等查询条件，查询该节点下保护器的调试情况，同时可进行通讯适配器关联的系统触发调试，如图3-13所示。

图3-13　中保调试管理界面

四、 装接进度

系统按照周、月安装情况统计保护器装接进度，内容包括保护器安装数、调试成功数、更换数。装接进度的设置便于工作人员了解保护器装接情况，如期实现保护器安装率、覆盖率和投运率。

系统菜单路径：设备管理→装接进度→装接进度情况。

该功能可根据保护器分类、保护器厂家等查询条件，按周或按月的形式查询保护器的安装进度情况，主要包括保护器的安装数、调试成功数、更换数等信息。如图 3-14 所示。

图 3-14 装接进度界面

五、 设备入库

系统按照节点名称可以查看（根据左边树形电网结构）SIM 卡卡号、SIM卡状态（全部、待入库、在库、使用、拆除、报废）等信息。

（一）通讯适配器入库

系统菜单路径：设备管理→设备入库→通讯适配器入库。

该功能可根据通讯适配器条码、逻辑地址等查询条件，对通讯适配器采用资产入库的形式对其进行管理，输入条码开始值与条码结束值可以进行批量入库，如图 3-15 所示。

（二）SIM 卡入库

系统菜单路径：设备管理→设备入库→SIM 卡入库。

根据条件查出对应的 SIM 卡信息，在 SIM 卡信息列表中选中某行 SIM 卡信息，单击【报废】按钮可以进行删除操作，单击【模板导入】按钮将 SIM 卡信息导入系统中，然后单击【批量入库】按钮将 SIM 卡入库以便中保安装时使用，如图 3-16 所示。

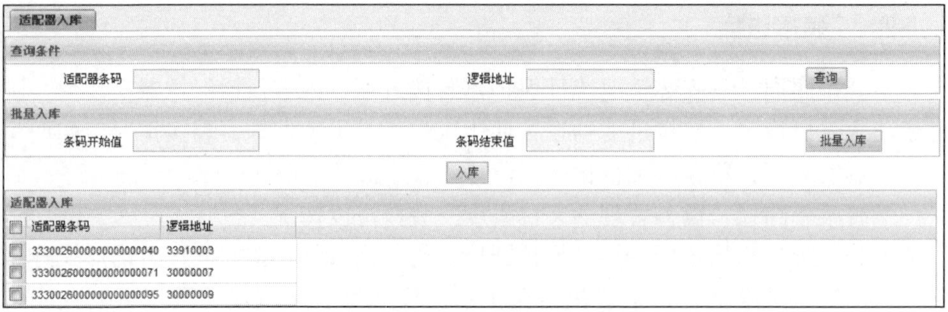

图 3-15 通讯适配器入库界面

图 3-16 SIM 卡入库界面

六、 设备稽查

智能保护器具有唯一的条码，系统通过召测新装保护器的条码与申请的条码进行比对，统计出条码出错数。运行人员根据错误条码进行修改，确保系统与现场的保护器信息一致。

（一）设备稽查统计

该功能可根据保护器分类、按月份等查询条件，查询该节点下保护器条码的使用情况，主要包括条码申请数、条码使用数、条码使用率、条码出错数、条码正确率等信息，如图 3-17 所示。

图 3-17 设备稽查统计界面

（二）设备稽查明细

该功能可根据节点名、稽查条件、保护器分类等查询条件，查询出保护器稽查明细，对于信息存在出入的保护器，运行人员可以及时处理，如图 3-18 所示。

图 3-18　设备稽查明细界面

第二节　数　据　管　理

数据管理模块包含采集任务、数据召测、数据查询、告警查询、报文查询等功能子菜单，可以实时对保护器数据采集任务进行管理、数据召测、数据查询、告警信息查询和报文查询，实现对保护器的实时监测和分析，为运行单位对保护器运行异常的及时处理提供了数据支撑。数据管理模块结构框图如图 3-19 所示。

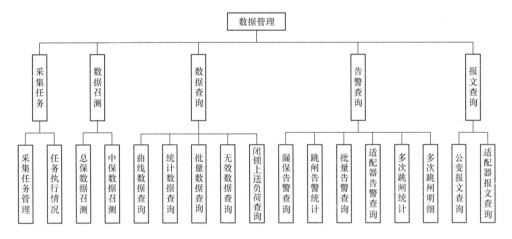

图 3-19　数据管理模块结构框图

通过数据管理模块的应用，可以实时管控设备采集任务，实时召测、查询在线保护器的运行数据，实时查询在线保护器告警信息及报文信息，为设备运行单位和管理部门对保护器的实时监测和分析以及对保护器异常的及时处理提供了数据支撑和科学依据，使保护器运行管理工作的效率得到显著提高。

75

一、采集任务

采集任务是支撑系统对安装调试成功的保护器实现在线监测的前提模块，可实现采集任务管理和查询任务执行情况的功能。

（一）采集任务管理

系统菜单路径：数据管理→采集任务→采集任务管理。

该模块可根据节点名、保护器分类、任务状态等查询条件，查询并管控该节点下保护器的任务投运情况，如图 3-20 所示。

图 3-20　采集任务管理界面

（二）任务执行情况

系统菜单路径：数据管理→采集任务→任务执行情况。

该模块可根据保护器分类查询条件，查询该节点下各单位总保、中保的曲线数据任务和统计数据任务的未投数、成功数、失败数，如图 3-21 所示。

图 3-21　任务执行情况界面

二、数据召测

数据召测是对在线保护器进行数据实时召测的模块，可实现总保数据召测、中保数据召测功能。

（一）总保数据召测

系统菜单路径：数据管理→数据召测→总保数据召测。

该模块可根据中继数据、终端数据、公变数据等查询条件，实时召测当前保护器的运行信息，包括保护器的相电压、相电流、当前剩余电流值等。通过不同的召测数据内容，可以实时了解保护器的运行状态，如图 3-22 所示。

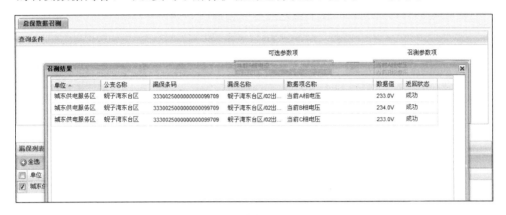

图 3-22　总保数据召测界面

（二）中保数据召测

系统菜单路径：数据管理→数据召测→中保数据召测。

该模块可实时召测当前中保的运行信息，包括中保的相电压、相电流、当前剩余电流值等。通过不同的召测数据内容，可以实时了解保护器的运行状态，如图 3-23 所示。

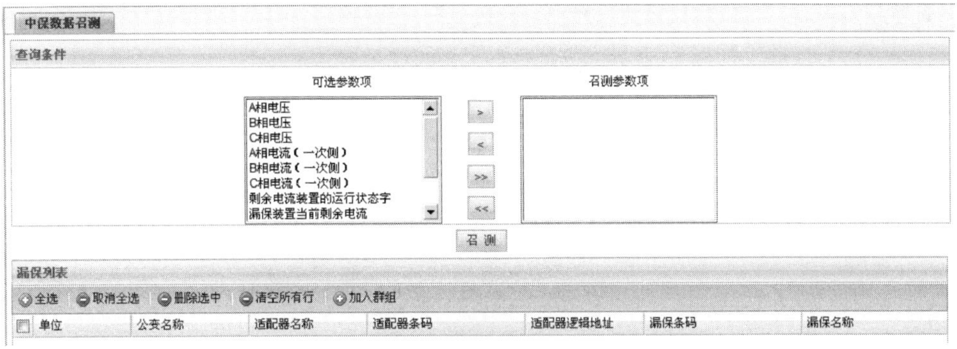

图 3-23　中保数据召测界面

三、 数据查询

数据查询是对在线保护器进行数据查询的模块，可实现曲线数据查询、统计数据查询、批量数据查询、无效数据查询、闭锁上送负荷查询等功能。

（一）曲线数据查询

系统菜单路径：数据管理→数据查询→曲线数据查询。

该模块可根据保护器条码、保护器名称、保护器分类等查询条件，查询节点下某一保护器的曲线数据，包括相电压、相电流、当前剩余电流、当前最大漏电相等信息，并且通过选择曲线类型（剩余电流、三相电流）可以直观地显示某日（96 个点位）的剩余电流或者三相电流的数据曲线，如图 3-24 所示。

时间	A相电压(V)	B相电压(V)	C相电压(V)	A相电流(A)	B相电流(A)	C相电流(A)	当前剩余电流(mA)	当前最大漏电相
2015-02-03 10:15:00	235	235	233	28	35	31	10	B相
2015-02-03 10:00:00	235	235	234	31	35	34	10	B相
2015-02-03 09:45:00	235	235	234	32	35	37	10	B相

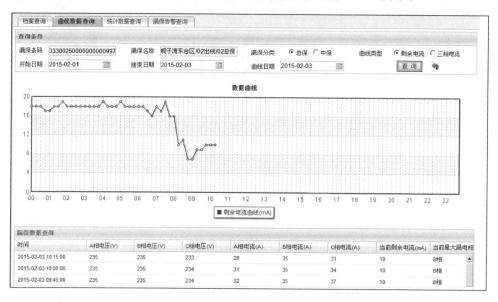

图 3-24　曲线数据查询界面

（二）统计数据查询

系统菜单路径：数据管理→数据查询→统计数据查询。

该模块可根据保护器条形码、保护器名称、保护器分类等查询条件，查询节点下某保护器累计运行时间，如图 3-25 所示。

单位	漏保条码	漏保名称	漏保厂家	时间	运行时间
城东供电服务区	333002500000000099709	蚬子湾东台区/02出线/02总保	杭州华杭	2015-02-03 00:00:00	505.7
城东供电服务区	333002500000000099709	蚬子湾东台区/02出线/02总保	杭州华杭	2015-02-02 00:00:00	504.7
城东供电服务区	333002500000000099709	蚬子湾东台区/02出线/02总保	杭州华杭	2015-02-01 00:00:00	503.7

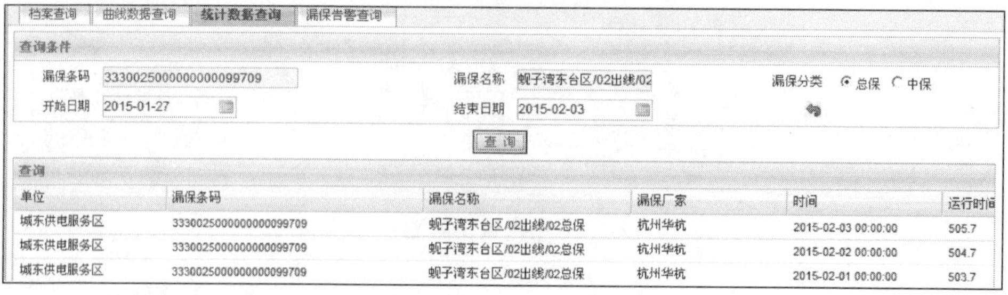

图 3-25　统计数据查询界面

（三）批量数据查询

系统菜单路径：数据管理→数据查询→批量数据查询。

该模块通过选择节点名、保护器分类等查询条件，查询某节点下所有的保护器数据信息，包括当前剩余电流值、当前剩余电流最大相、额定剩余电流动档位等，如图3-26所示。

图3-26 批量数据查询界面

（四）无效数据查询

系统菜单路径：数据管理→数据查询→保护器无效数据查询。

该模块通过选择节点名、保护器分类、保护器厂家等查询条件，查询某节点下保护器的无效数据信息，如图3-27所示。

图3-27 无效数据查询界面

（五）闭锁上送负荷查询

系统菜单路径：数据管理→数据查询→闭锁上送负荷查询。

该模块可通过选择节点名、保护器分类、保护器厂家等查询条件，查询某节点下保护器闭锁后仍上送负荷数据的异常保护器清单，如图3-28所示。

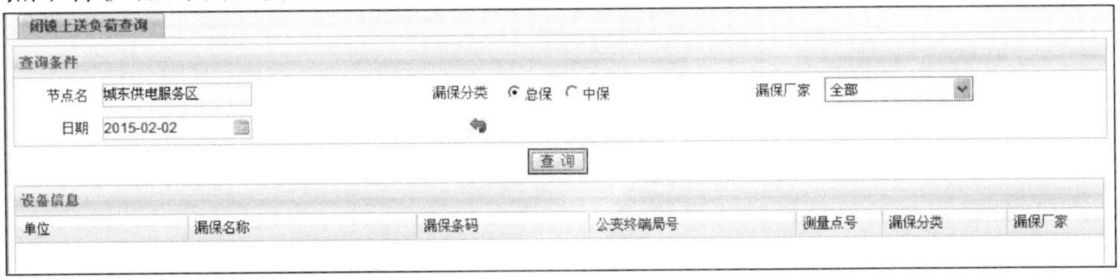

图3-28 闭锁上送负荷查询界面

四、 告警查询

告警查询是对保护器在线运行中产生的告警信息进行查询的模块，可实现保护器告警查询、跳闸告警统计、批量告警查询、通讯适配器告警查询、多次跳闸统计、多次跳闸明细等功能。

（一）保护器告警查询

系统菜单路径：数据管理→告警查询→保护器告警查询

该模块可通过选择保护器条码、保护器名称、保护器分类等查询条件，查询节点下某保护器发生的告警事件，包括剩余电流超限、保护器跳闸、保护器闭锁等，如图3-29所示。

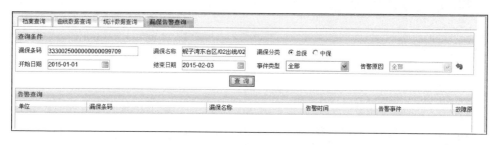

图3-29 保护器告警查询界面

（二）跳闸告警统计

系统菜单路径：数据管理→告警查询→跳闸告警统计。

该模块可通过选择保护器分类、保护器厂家、告警原因等查询条件，查询登录人相应权限节点下保护器在各类原因下发生的跳闸次数，如图3-30所示。

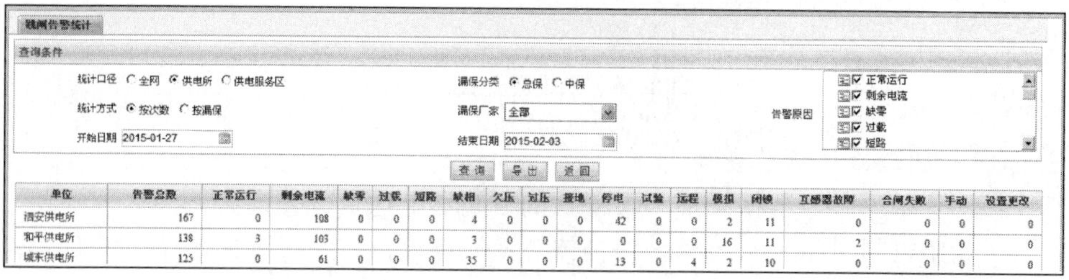

图3-30 跳闸告警统计界面

（三）批量告警查询

系统菜单路径：数据管理→告警查询→批量告警查询。

该模块可通过选择节点名、保护器分类、事件类型、告警原因等查询条件，批量查询某节点下保护器的告警信息，如图3-31所示。

（四）通讯适配器告警查询

系统菜单路径：数据管理→告警查询→通讯适配器告警查询。

图 3-31　批量告警查询界面

该模块可通过选择节点名、通讯适配器厂家、事件类型等查询条件，查询某节点下适配器发生的告警信息，包括终端来电、终端停电、测量点参数变更等，如图 3-32 所示。

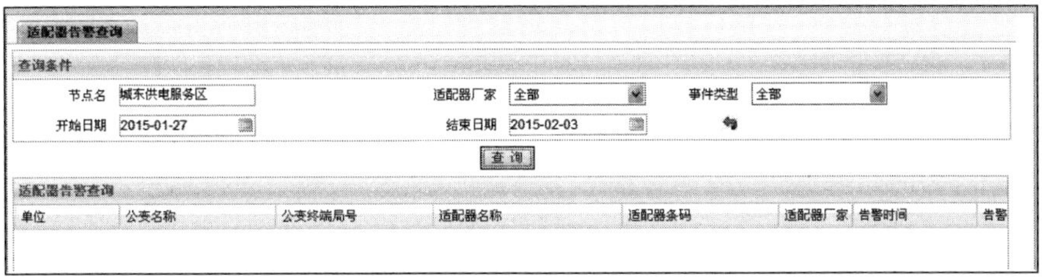

图 3-32　通讯适配器告警查询界面

（五）多次跳闸统计

系统菜单路径：数据管理→告警查询→多次跳闸统计。

该模块可通过选择保护器分类、告警原因、保护器厂家等查询条件，按日期统计发生过多次跳闸［最近 3 天保护器有 2 天以上发生过跳闸（告警原因为试验的除外）］的保护器数，如图 3-33 所示。

图 3-33　多次跳闸统计界面

（六）多次跳闸明细

系统菜单路径：数据管理→告警查询→多次跳闸明细。

该模块可通过选择节点名、保护器分类、告警原因等查询条件，查询某节点下多次跳闸保护器的明细清单，如图 3-34 所示。

图 3-34　多次跳闸明细界面

五、 报文查询

报文查询是对在线保护器所属终端所传输的报文进行查询的模块，可实现公变报文查询和通讯适配器报文查询。

（一）公变报文查询

系统菜单路径：数据管理→报文查询→公变报文查询。

该模块可通过选择的保护器按保护器条码、保护器名称、终端逻辑地址等查询条件，查询节点下某保护器所属终端的报文信息，如图 3-35 所示。

图 3-35　公变/适配器报文查询界面

（二）通讯适配器报文查询

系统菜单路径：数据管理→报文查询→通讯适配器报文查询。

该模块可通过选择的保护器按保护器条码、保护器名称、终端逻辑地址等查询条件，查询节点下某适配器的报文信息，如图 3-35 所示。

第三节 运 行 管 理

运行管理模块包含巡检记录、参数管理、现场维护管理、异常管理、消息管理等功能子菜单，可以对保护器巡检到位情况、保护器动作参数设置情况、保护器异常处理情况进行查询和统计，并可订阅保护器异常短信。这些功能的应用，为保护器动作参数的合理设置和定值管理提供了可靠手段，有效促进了运行单位和运维人员的工作质量，为实现靠前故障抢修、主动服务用户提供了技术支持，并为专业管理部门实行绩效考核提供了依据。运行管理模块结构框图如图 3-36 所示。

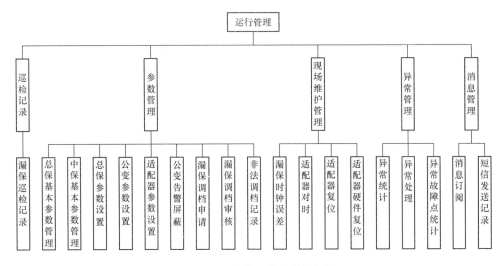

图 3-36 运行管理模块结构框图

通过运行管理模块的应用，可以实时掌握相关责任人开展保护器巡检的到位情况、保护器动作参数设置情况、现场维护管理情况以及保护器异常闭环处理情况，促进了设备运行维护工作质量，提高了设备运行管理工作效率；通过保护器异常短信的订阅，为相关责任人员第一时间掌握保护器故障异常情况并及时进行异常处理提供了技术支撑；同时也为设备运行单位和管理部门对保护器运行管理工作统计、分析和考核提供了依据，提升了保护器运行管理工作水平。

一、 巡检记录

巡检记录是对保护器巡视检测情况自动记录并可供查询的模块，可实现保护器巡检记录查询功能。

系统菜单路径：运行管理→巡检记录→保护器巡检记录查询。

该模块对所有保护器巡检情况进行统计，包括保护器巡检数、保护器未巡检数、巡检率等，如图 3-37 所示。

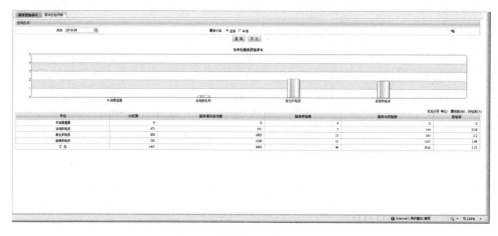

图 3-37　保护器巡检记录界面

二、　参数管理

参数管理是管理保护器及其公变终端、通讯适配器技术参数及保护器剩余电流动作值档位的模块，可实现总保基本参数管理、中保基本参数管理、总保参数设置、公变参数设置、通讯适配器参数设置、公变告警屏蔽、保护器调档申请、保护器调档审核、非法调档记录统计查询等功能。

（一）总保基本参数管理

系统菜单路径：运行管理→参数管理→总保基本参数管理。

该模块可对总保基本参数信息进行实时召测，了解在运总保的基本参数，如图 3-38 所示。

图 3-38　总保基本参数管理界面

（二）中保基本参数管理

系统菜单路径：运行管理→参数管理→中保基本参数管理。

该模块可对中保基本参数信息进行实时召测，了解在运中保的基本参数，如图 3-39 所示。

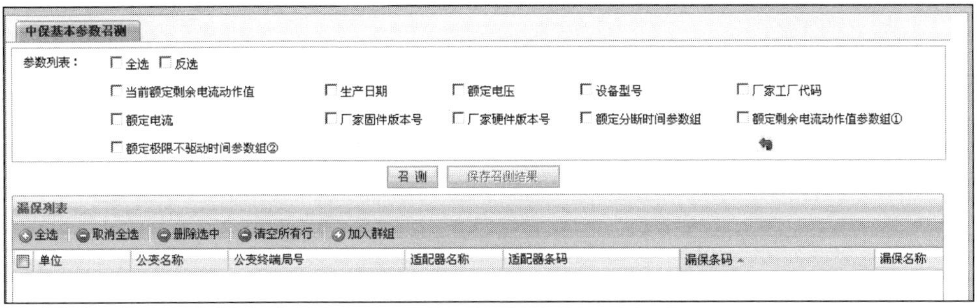

图 3-39　中保基本参数召测界面

（三）总保参数设置

系统菜单路径：运行管理→参数管理→总保参数设置。

该模块可通过选择总保条形码、总保名称等查询条件，通过勾选控制字（1、2、3、4），实时查询节点下某总保的动作参数设置值（包括相关保护功能开启和关闭档位情况），并可远程下发修改总保动作参数值（该功能需开启总保远程操作功能），如图 3-40 所示。

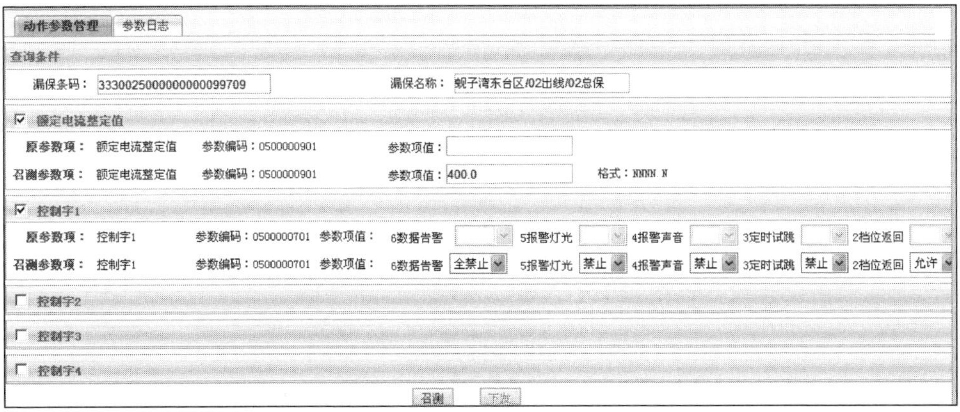

图 3-40　总保参数设置界面

（四）公变参数设置

系统菜单路径：运行管理→参数管理→公变参数设置。

该模块可根据公变名称、公变终端局号、公变终端逻辑地址等查询条件，实时查询节点下某公变终端的相关参数，如图 3-41 所示。

（五）通讯适配器参数设置

系统菜单路径：运行管理→参数管理→适配器参数设置。

图 3-41　公变参数设置界面

该模块可根据适配器名称、适配器条码、适配器终端逻辑地址等查询条件，查询节点下某适配器的参数或测量点，如图 3-42 所示。

图 3-42　通讯适配器参数设置界面

（六）公变告警屏蔽

系统菜单路径：运行管理→参数管理→告警屏蔽。

该模块可以通过设置终端的告警开启与屏蔽项控制终端是否将告警上送至主站。保护器的告警项包括剩余电流超限事件、保护器闭锁告警、保护器跳闸事件等，如图 3-43 所示。

（七）保护器调档申请

系统菜单路径：运行管理→参数管理→保护器调档申请。

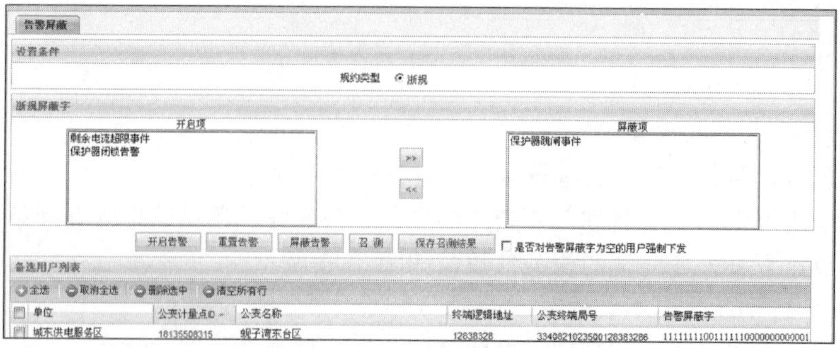

图 3-43　公变告警屏蔽界面

该模块可根据节点名、保护器条形码、保护器分类等查询条件，查询该节点下保护器当前的额定剩余电流动作值，如需对保护器的额定剩余电流动作值进行修改，必须在系统中走调档申请流程，如图 3-44 所示。

图 3-44　保护器调档申请界面

（八）保护器调档审核

系统菜单路径：运行管理→参数管理→保护器调档审核。

该模块可根据节点名称、保护器条码、保护器分类等查询条件，查询该节点下各单位保护器的额定剩余电流动作值调档申请情况，并对保护器高档申请进行审核，如图 3-45 所示。

图 3-45　保护器调档审核界面

（九）非法调档记录

系统菜单路径：运行管理→参数管理→非法调档记录。

该功能可根据节点名、保护器条码、保护器分类等查询条件，查询该节点下各单位保护器的非法调档（不经过系统申请保护器调整剩余电流动作值流程，现场在保护器设备上直接调整该参数档位）情况，如图 3-46 所示。

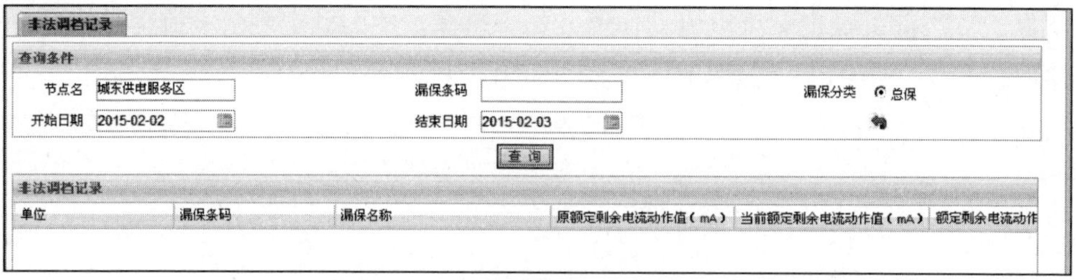

图 3-46　非法调档记录界面

三、　现场维护管理

现场维护管理是对保护器所属通讯适配器维护管理的模块，可实现保护器时钟误差查询、通讯适配器对时、通讯适配器复位、通讯适配器硬件复位等功能。

（一）保护器时钟误差

系统菜单路径：运行管理→现场维护管理→保护器时钟误差。

该模块可根据节点名、保护器分类等查询条件，通过选择保护器时钟误差值（系统默认值是 300s），查询某节点下时钟误差超限的保护器，并对保护器进行对时操作（系统默认每周一次对时），如图 3-47 所示。

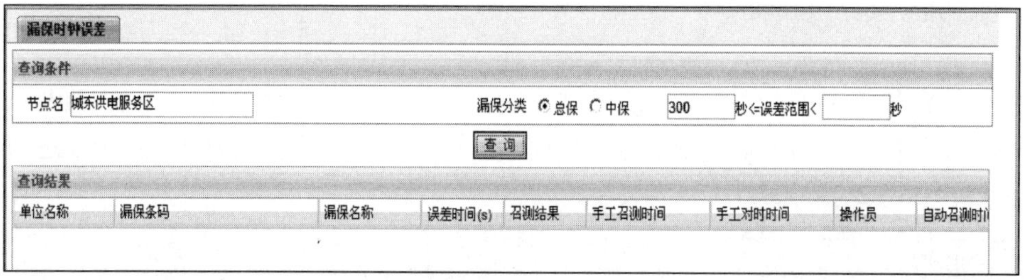

图 3-47　保护器时钟误差界面

（二）通讯适配器终端对时

系统菜单路径：运行管理→现场维护管理→适配器终端对时。

该模块可召测适配器终端的时钟，查询各单位时钟有误差的适配器终端，并对该适配器终端进行对时操作（系统默认每周一次对时），如图 3-48 所示。

（三）通讯适配器终端复位

系统菜单路径：运行管理→现场维护管理→通讯适配器终端复位。

该模块可以实现对适配器终端的远程复位。复位方式包括所有可写的参数恢复出厂设置、所有可写的低级权限参数恢复出厂设置、数据区复位，如图 3-49 所示。

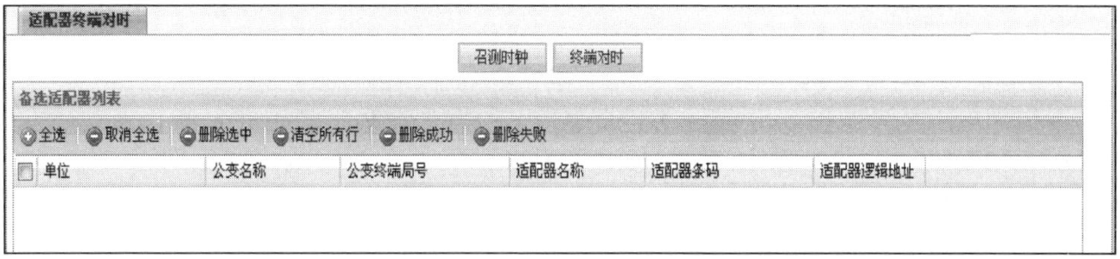

图 3-48　通讯适配器终端对时界面

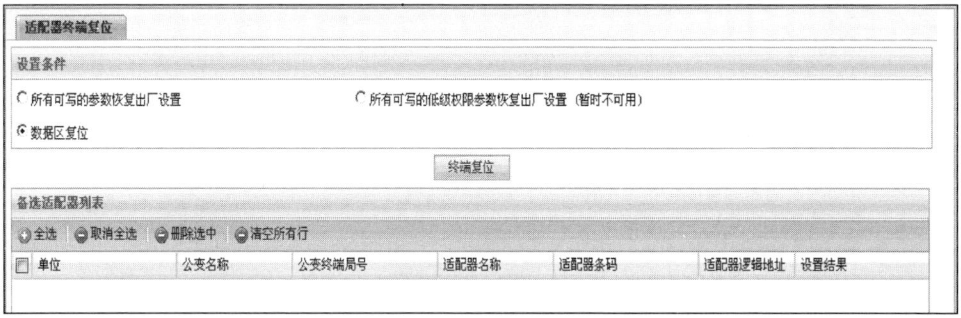

图 3-49　通讯适配器终端复位界面

（四）通讯适配器终端硬件复位

系统菜单路径：运行管理→现场维护管理→适配器终端硬件复位。

该模块可以实现对适配器终端的远程硬件复位，此操作相当于现场将通讯适配器重启，如图 3-50 所示。

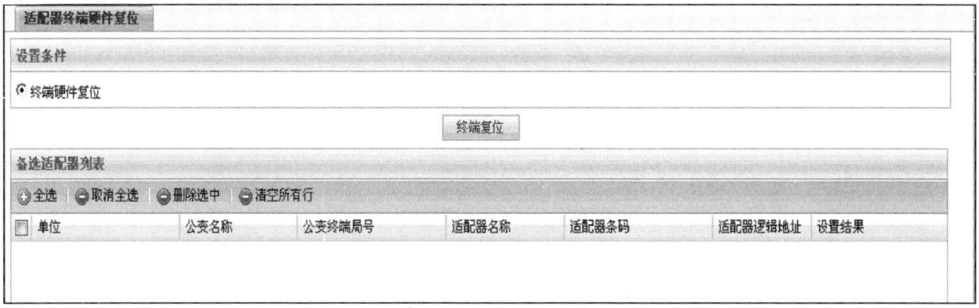

图 3-50　通讯适配器终端硬件复位界面

四、异常管理

异常管理是对在线保护器异常情况进行监测和管理的模块，可实现异常统计、异常处理、异常故障点统计查询、分析和闭环管理等功能。

（一）异常统计

系统菜单路径：运行管理→异常管理→异常统计。

该模块可根据保护器分类、生产厂家、处理状态等查询条件，查询某一期间各单位保护器发生异常的情况。保护器异常分6种，包括保护器闭锁、频繁动作、保护器拒动、剩余电流报警启用、保护器误跳、保护器无通信等，如图3-51所示。

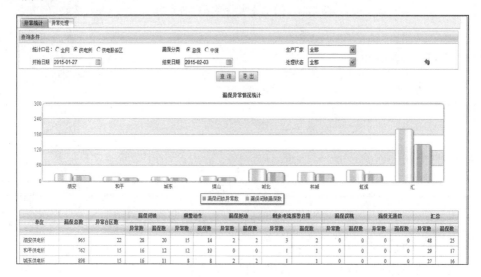

图 3-51　异常统计界面

（二）异常处理

系统菜单路径：运行管理→异常管理→异常处理。

该模块可根据节点名、保护器分类、异常类型等查询条件，查询某一期间某节点下保护器发生的异常明细以及异常的处理状态，并可对各类现场已恢复的异常进行系统处理确认，如图3-52所示。

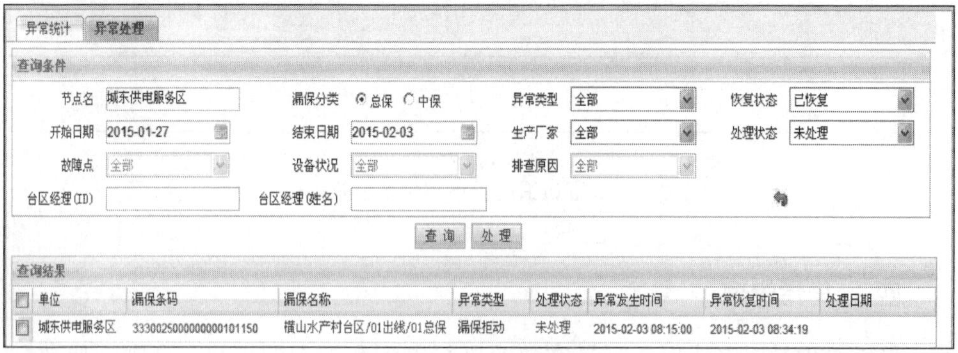

图 3-52　异常处理界面

（三）异常故障点统计

系统菜单路径：运行管理→异常管理→异常故障点统计。

该模块可根据保护器分类、设备状况、排查原因等查询条件，查询某一期间各单位保护器异常的分类、保护器异常故障点（范围）情况，如图 3-53 所示。

单位	漏保闭锁					频繁动作					漏保拒动		剩余电流报警启用				漏保误跳	无通信				
	用户侧	线路侧	保护器侧	其他	总数	用户侧	线路侧	保护器侧	其他	总数	保护器侧	总数	用户侧	线路侧	保护器侧	总数	保护器侧	保护器侧	公变终端侧	RS-485接线侧	公网通信侧	总数
渡安供电所	28	0	0	0	28	13	0	0	0	13	2	3	0	0	0	3	0	0	0	0	0	0
和平供电所	14	0	0	2	16	10	0	0	0	10	0	1	0	0	0	1	0	0	0	0	0	0
城东供电所	16	0	0	0	16	8	0	0	0	8	1	1	0	0	0	1	0	0	0	0	0	0

图 3-53　异常故障点统计界面

五、 消息管理

消息管理是当保护器发生异常后系统自动向设备责任人员发送并记录短信信息的模块，可实现异常订阅、短信发送记录等功能。

（一）异常订阅

系统菜单路径：运行管理→消息管理→异常订阅。

该模块可为保护器责任人员订阅保护器各类异常信息，并以手机短信形式发送至相关台区责任人员，如图 3-54 所示。

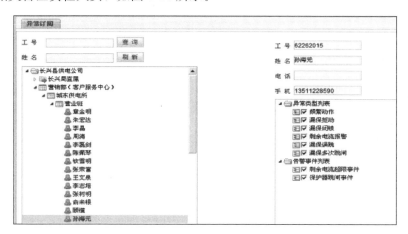

图 3-54　异常订阅界面

（二）短信发送记录

系统菜单路径：运行管理→消息管理→短信发送记录。

该模块可根据节点名、接收人、开始日期等查询条件，查询某节点下系统自动发送的保护器异常短消息发送历史记录，如图 3-55 所示。

图 3-55　短信发送记录界面

第四节　高　级　应　用

高级应用模块具有干线超载分析、干线三相不平衡、剩余电流预警、剩余电流波动分析、保护器质量分析、剩余电流比对、剩余电流特性分析、问题管理平台等功能子菜单，为运行单位及时了解低压线路三相不平衡情况和掌握低压线路剩余电流状态趋势，采取平衡三相负荷、排查线路剩余电流等针对性措施，提供了数据支撑；同时通过对保护器总运行时间、总动作次数、故障（异常）次数等运行情况的统计，进行保护器质量情况的分析判断，为保护器采购提供一定的参考依据。高级应用模块结构框图如图 3-56 所示。

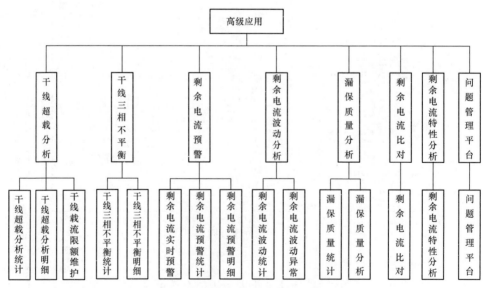

图 3-56　用高级应用模块结构框图

通过该模块的应用，可以及时掌握影响保护器安全运行的各类异常数据及保护器自身的异常问题；通过对各类异常数据的监控和分析，可以为保护器管理单位开展现场整改提供依据；通过系统监测，掌握保护器漏电规律，提前开展针对性消缺，通过及时治理问题保护器，减少用户停电时间，提高供电可靠性；通过问题平台的建设和使用，畅通问题解决通道，基层单位反映的问题可以及时得到解决。

一、干线超载分析

干线超载分析是对被保护低压线路负荷情况进行监测、统计、查询的模块，可实现干线负荷查询与载流限额维护功能。

（一）干线超载分析统计

系统菜单路径：高级应用→干线超载分析→干线超载分析统计。

该功能主要按单位统计各单位干线的超载情况，主要包括安装总保干线数、载流限额维护数、干线超载数等信息，如图 3-57 所示。

图 3-57　干线超载分析统计

（二）干线超载分析明细

系统菜单路径：高级应用→干线超载分析→干线超载分析明细。

该功能可根据节点名、日期等查询条件，查询该节点下所有保护器干线超载情况，主要包括三相电流最大值、干线载流限额、超载次数等信息，如图 3-58 所示。

（三）干线载流限额维护

系统菜单路径：高级应用→干线超载分析→干线载流限额维护。

图 3-58　干线超载分析明细

该功能可根据节点名、夏季载流限额、冬季载流限额等查询条件，查询该节点下所有保护器干线载流限额情况，同时可以对单个保护器的载流限额进行维护，如图 3-59 所示。

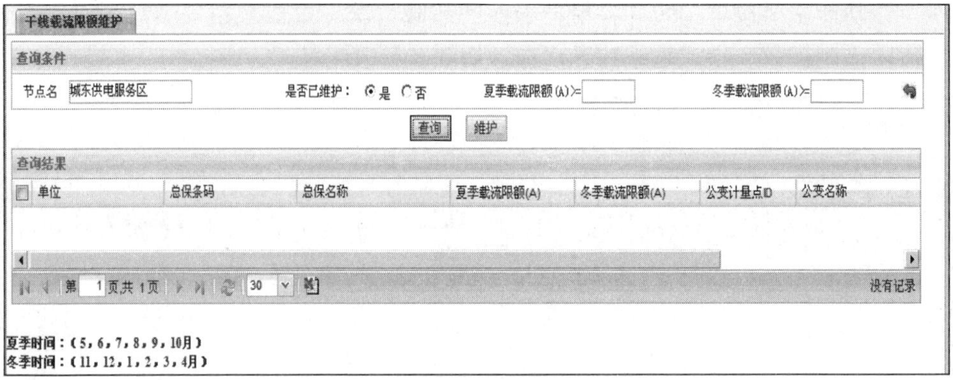

图 3-59　干线载流限额维护界面

二、　干线三相不平衡

通过剩余电流动作保护器监测系统干线三相不平衡分析功能，及时掌握各单位低压线路的负载平衡情况。

（一）干线三相不平衡统计

系统菜单路径：高级应用→干线三相不平衡→干线三相不平衡统计。

该功能主要按单位统计干线三相不平衡情况，主要包括保护器调试成功数、三相电流不平衡数、三相电流不平衡率等信息，如图 3-60 所示。

（二）干线三相不平衡明细

系统菜单路径：高级应用→干线三相不平衡→干线三相不平衡明细。

该功能可根据节点名、日期等查询条件，查询各单位三相电流不平衡的保护器明细，如图 3-61 所示。

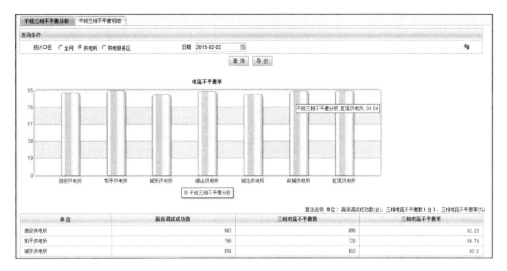

图 3-60　干线三相不平衡统计界面

图 3-61　干线三相不平衡明细界面

三、 剩余电流预警

从保护器运行经验来看，多数情况下由于漏电引起的保护器跳闸有一个渐变、积累的过程，如何能够实时掌控保护器的剩余电流值，在保护器剩余电流值未达到额定动作值时就开展现场排查、消除故障成为急需解决的问题。据此，系统开发应用了剩余电流预警模块，对保护器剩余电流值进行实时监控并预警，将漏电故障消除在萌芽状态，减少停电时间，提高供电可靠性，降低优质服务风险。

（一）剩余电流实时预警

系统菜单路径：高级应用→剩余电流预警→剩余电流实时预警。

该功能可根据节点名、保护器条码、保护器分类等查询条件，查询该节点下保护器剩余电流的实时预警情况，主要包括保护器名称、异常发生时间、预警次数等信息，如图 3-62 所示。

图 3-62　剩余电流实时预警界面

（二）剩余电流预警统计

系统菜单路径：高级应用→剩余电流预警→剩余电流预警统计。

该功能可根据保护器分类、保护器厂家、预警级别等查询条件，按周和月统计该节点下剩余电流预警保护器数，如图 3-63 所示。

图 3-63　剩余电流预警统计界面

（三）剩余电流预警明细

系统菜单路径：高级应用→剩余电流预警→剩余电流预警明细。

该功能可根据节点名、日期、保护器分类等查询条件，查询保护器剩余电流预警详细信息，包括最大剩余电流值、当前额定剩余电流动作值、预警次数等信息，如图 3-64 所示。

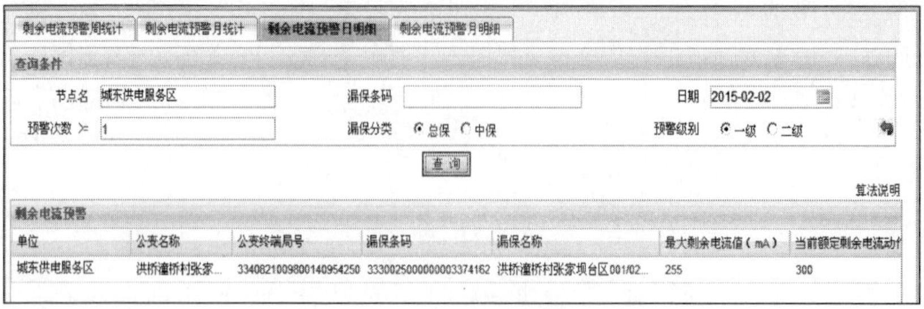

图 3-64　剩余电流预警明细界面

四、 剩余电流波动分析

（一）剩余电流波动统计

系统菜单路径：高级应用→剩余电流波动分析→剩余电流波动统计。

该功能可查询各单位干线剩余电流波动异常数，如图 3-65 所示。

图 3-65　剩余电流波动统计界面

（二）剩余电流波动异常

系统菜单路径：高级应用→剩余电流波动分析→剩余电流波动异常。

该功能可根据节点名、日期、剩余电流波动率等查询条件，查询该节点下干线剩余电流波动异常情况，主要包括剩余电流最大值、剩余电流平均值、剩余电流波动率等信息，如图 3-66 所示。

图 3-66　剩余电流波动异常界面

五、 保护器质量统计及分析

（一）保护器质量统计

系统菜单路径：高级应用→保护器质量分析→保护器质量统计。

该功能可按单位统计保护器质量，根据保护器运行时间与保护器跳闸次数来判断该保护器的质量，如图 3-67 所示。

图 3-67 保护器质量统计界面

（二）保护器质量分析

系统菜单路径：高级应用→保护器质量分析→保护器质量情况。

该功能可根据节点名、保护器分类、保护器厂家等查询条件查询保护器质量情况，主要从保护器总运行时间、总跳闸次数来判断该保护器的质量，如图 3-68 所示。

图 3-68 保护器质量分析界面

六、 剩余电流比对

系统菜单路径：高级应用→剩余电流比对→剩余电流比对情况。

该功能可根据节点名、日期、起始点等查询条件，查询该节点下同一时间总保剩余电流和中保剩余电流的对比情况，便于排查保护器异常，如图 3-69 所示。

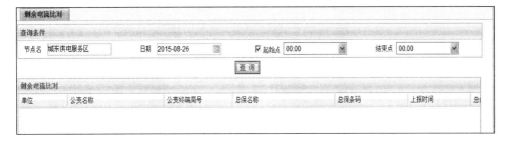

图 3-69　剩余电流比对界面

七、 剩余电流特性分析

系统菜单路径：高级应用→剩余电流比对→剩余电流特性分析。

该功能可根据节点名、保护器分类、日期等查询条件查询该节点下保护器的最大剩余电流、最小剩余电流及平均剩余电流，如图 3-70 所示。

图 3-70　剩余电流特性分析界面

八、 问题管理平台

系统菜单路径：高级应用→问题管理平台→问题查询。

该功能可对剩余电流动作保护器监测系统在运维过程中产生的相关问题进行系统提交，由系统运维人员对问题进行处理或解答，如图 3-71 所示。

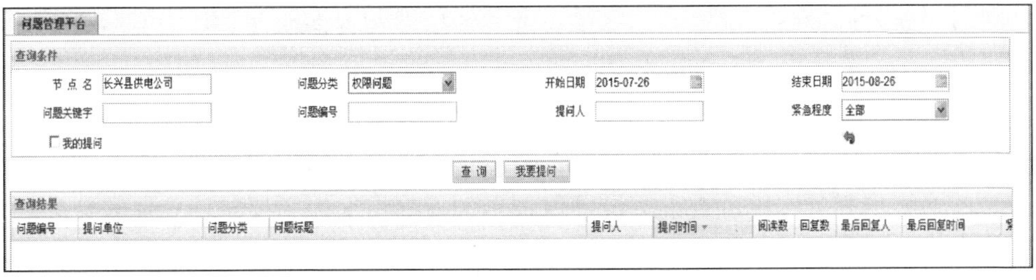

图 3-71　问题管理平台界面

第五节 统 计 分 析

统计分析模块具有保护器覆盖情况、保护器调试情况、保护器投运情况、保护器采集情况、保护器异常处理情况、保护器自动调档情况、保护器指标管控、保护器质量管控、保护器实时监控、保护器运行监控等功能子菜单，可对保护器的覆盖情况、调试情况、投运情况、采集情况、异常处理情况、自动调档情况、指标管控情况进行统计分析，为专业管理部门进行分析和考核提供了依据，也为运行单位提升管控指标，提高运维工作质量指明了方向。统计分析模块结构框图如图 3-72 所示。

通过该模块的应用，可以及时掌握各单位保护器覆盖、采集、投运、异常处理等指标管控情况；通过对各项指标数据的统计和分析，为提升各单位保护器指标提供了很必要的依据，也为管理人员和运行单位加强保护器日常管控提供了参考。将保护器各项重要指标以年、季、月、日的形式细化统计出来，实现了"全景式"数据展示，为运维管理人员多角度、全方位监控指标情况、提升企业综合实力奠定了基础，具体指标算法说明详见附录一第十一部分。

一、保护器覆盖情况

在低压线路上安装使用智能保护器是保证安全用电的有效技术措施，应将符合条件的配电台区实现保护器安装全覆盖。运行人员可通过保护器覆盖情况模块实时查询公用变压器的保护器安装覆盖情况，对保护器未覆盖的公用变压器及时采取整改措施；可以实现保护器覆盖统计、保护器覆盖明细、保护器安装统计、保护器厂商质量情况统计等功能。

（一）保护器覆盖统计

系统菜单路径：统计分析→保护器覆盖情况→保护器覆盖统计。

该功能主要可按单位查询、统计各单位公用变压器台区的保护器覆盖情况，如图 3-73 所示。

（二）保护器覆盖明细

系统菜单路径：统计分析→保护器覆盖情况→保护器覆盖明细。

该功能可根据节点名、时间、保护器安装情况等查询条件，查询该节点下每个公用变压器台区的保护器安装情况，如图 3-74 所示。

（三）保护器安装统计

系统菜单路径：统计分析→保护器覆盖情况→保护器安装统计。

该功能主要可按单位查询、统计保护器的安装情况，主要包括总保安装数和安装率、中保安装数和安装率等信息，如图 3-75 所示。

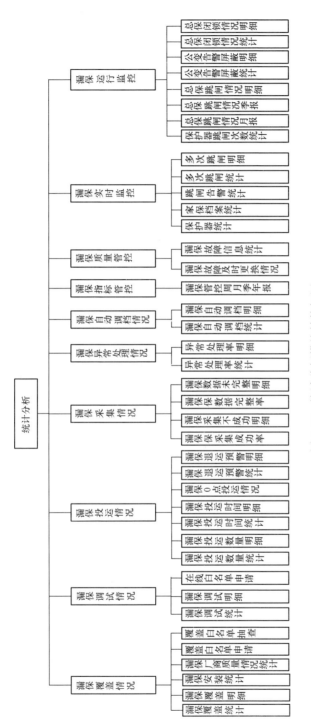

图 3-72 统计分析模块结构框图

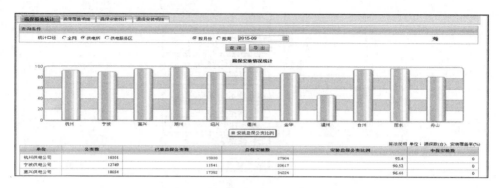

图 3-73　保护器覆盖统计界面

图 3-74　保护器覆盖明细界面

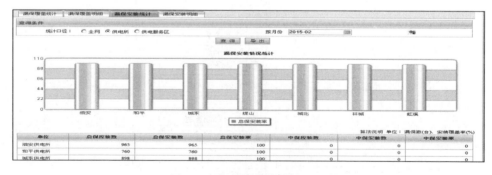

图 3-75　保护器安装统计界面

（四）保护器厂商质量情况统计

系统菜单路径：统计分析→保护器覆盖情况→保护器厂商质量情况统计。

该功能可根据保护器分类、开始日期、结束日期等查询条件，查询该节点下各厂家保护器的质量情况，主要统计保护器的误跳、拒动次数和发生误跳、拒动的保护器数量，如图 3-76 所示。

保护器厂商质量情况统计

查询条件

漏保分类 ⊙总保 ○中保　　　开始日期 2015-08-19　　　结束日期 2015-08-26

查 询　导 出

算法说明 单位：率(%)

保护器厂家	总保安装数	总保投运数	据度数量	保护器误跳次数	发生误跳保护器数量	保护器拒动次数	发生拒动保护器数量	总数		
								合计次数	合计数量	占比
浙江上立	3	3	1	0	0	0	0	0	0	0
杭州尚美	345	341	44	0	0	0	0	0	0	0
杭州创美	4367	3545	1445	0	0	262	39	262	39	1.1

图 3-76　保护器厂商质量情况统计界面

二、 保护器调试情况

智能保护器现场安装后需要经过系统调试才能与主站进行日常的数据传送，因此运行人员必须将已安装的保护器调试成功，以确保每一台保护器都受到系统的监控。为此，系统开发了保护器调试情况查询等功能，运行人员可以通过该模块实时查询保护器的调试情况。

（一）保护器调试统计

系统菜单路径：统计分析→保护器调试情况→保护器调试统计。

该功能可根据保护器分类、保护器厂家、月份等查询条件，对各单位保护器的安装数、调试成功数、调试成功率进行统计，如图 3-77 所示。

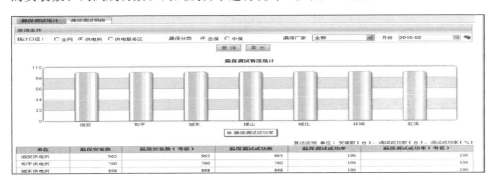

图 3-77　保护器调试统计界面

（二）保护器调试明细

系统菜单路径：统计分析→保护器调试情况→保护器调试明细。

该功能可根据节点名、保护器分类、保护器厂家等查询条件，查询该节点下保护器运行相关信息，主要包括保护器条码、名称、分类、运行情况、设备状态等信息，如图 3-78 所示。

三、 保护器投运情况

保护器的运行有"运行、24 小时退运、长期退运"3 种状态。一旦保护器退运，则意味着保护器失去漏电保护功能。因此，为了确保保护器更有效地投入运

图 3-78　保护器调试明细界面

行，系统开发了保护器投运情况查询等功能，运行人员可以通过系统实时查询保护器的投运情况，并及时进行现场检查处理，确保保护器正常投运。

（一）保护器投运数量统计

系统菜单路径：统计分析→保护器投运情况→保护器投运数量统计。

该功能可根据保护器分类、按月份、保护器厂家等查询条件，查询各单位保护器的投运情况，主要包括保护器安装数、保护器投运数、保护器退运数、保护器投运率等信息，如图 3-79 所示。

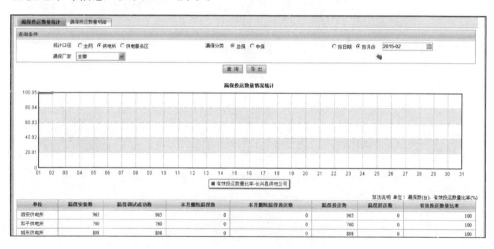

图 3-79　保护器投运数量统计界面

（二）保护器投运数量明细

系统菜单路径：统计分析→保护器投运情况→保护器投运数量明细。

该功能可根据节点名、保护器分类、保护器厂家等查询条件，查询该节点下各个保护器的投运状态，主要包括保护器名称、设备状态、投运情况、安装时间等信息，如图 3-80 所示。

（三）保护器投运时间统计

系统菜单路径：统计分析→保护器投运情况→保护器投运时间统计。

图 3-80　保护器投运数量明细界面

该功能可根据保护器分类、日期、保护器厂家等查询条件，查询、统计各单位保护器的投运时间情况，主要包括有效安装时间、有效投运时间、有效投运时间比率等信息，如图 3-81 所示。

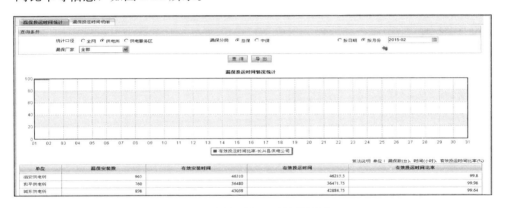

图 3-81　保护器投运时间统计界面

（四）保护器投运时间明细

系统菜单路径：统计分析→保护器投运情况→保护器投运时间明细。

该功能可根据节点名、保护器分类、保护器厂家等查询条件，查询该节点下保护器的投运时间明细，主要包括保护器名称、有效投运时间比率、安装时间等信息，如图 3-82 所示。

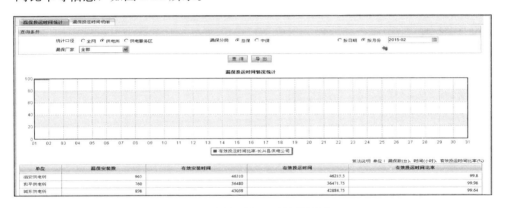

图 3-82　保护器投运时间明细界面

（五）保护器零点投运情况

系统菜单路径：统计分析→保护器投运情况→保护器零点投运情况。

该功能可根据节点名、保护器分类、按日期、零点投运情况等查询条件，查询该节点下保护器在零点的投运情况。投运情况分为投运、退运、无通信三种，如图 3-83 所示。

图 3-83　保护器零点投运情况界面

（六）保护器退运预警统计

系统菜单路径：统计分析→保护器投运情况→保护器退运预警统计。

该功能可根据保护器分类、月份、保护器厂家等查询条件，查询、统计各单位保护器的退运情况，主要包括退运事件、持续退运状态时间、无通信事件等信息，如图 3-84 所示。

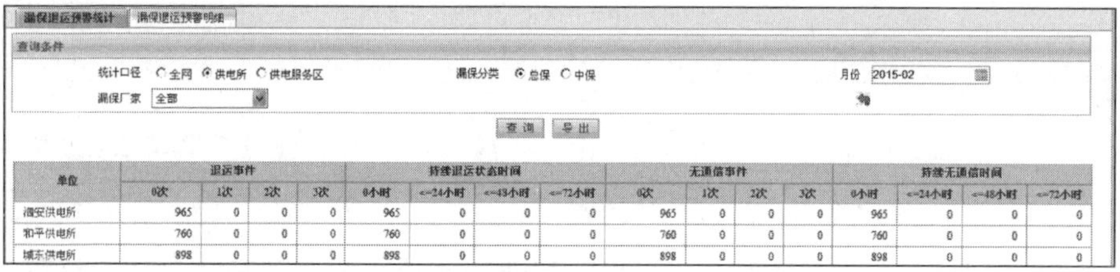

图 3-84　保护器退运预警统计界面

（七）保护器退运预警明细

系统菜单路径：统计分析→保护器投运情况→保护器退运预警明细。

该功能可根据节点名、保护器分类、退运事件等查询条件，查询该节点下保护器的退运预警明细，主要包括保护器名称、退运预警情况、退运预警明细等信息，如图 3-85 所示。

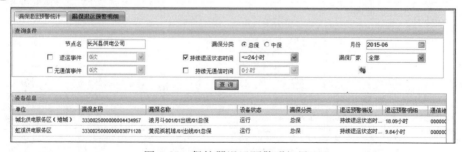

图 3-85　保护器退运预警明细界面

四、 保护器采集情况

在实际应用中，漏报能否按照设置要求及时、准确上传数据，是运行和管理人员开展查看、分析、统计与判断工作的前提和关键。为此，开发保护器采集情况模块，实现了保护器采集工作开展情况的统计分析，保证了运行数据及时、准确上传。

（一）保护器采集成功率

系统菜单路径：统计分析→保护器采集情况→保护器采集成功率。

该功能可根据保护器分类、月份、保护器厂家等查询条件，查询、统计该节点下保护器的采集情况，主要包括公变数、保护器安装数、保护器采集达标数、在线采集成功率等信息，如图3-86所示。

图3-86 保护器采集成功率界面

（二）保护器采集不成功明细

系统菜单路径：统计分析→保护器采集情况→保护器采集不成功明细。

该功能可根据节点名、保护器分类、保护器厂家等查询条件，查询该节点下保护器数据采集明细，主要包括曲线数据应有点数、曲线数据采集点数、曲线数据完整率等信息，如图3-87所示。

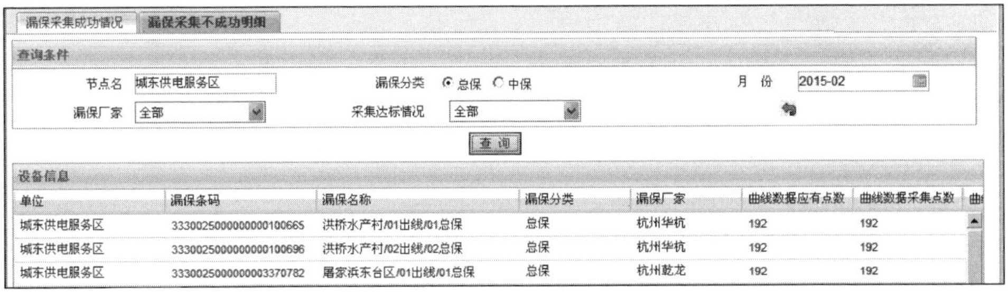

图3-87 保护器采集不成功明细界面

（三）保护器数据完整率

系统菜单路径：统计分析→保护器采集情况→保护器数据完整率。

该功能可根据保护器分类、按月份、保护器厂家等查询条件，查询、统计该节点下保护器的数据采集完整情况，主要包括公变数、曲线数据采集情况、统计数据采集情况等信息，如图 3-88 所示。

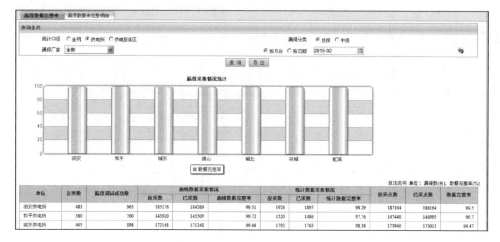

图 3-88　保护器数据完整率界面

（四）保护器数据未完整明细

系统菜单路径：统计分析→保护器采集情况→保护器数据未完整明细。

该功能可根据节点名、保护器分类、采集情况等查询条件，查询该节点下数据采集不完整的保护器明细，主要包括总保护器名称、总应有点数、总采集点数等信息，如图 3-89 所示。

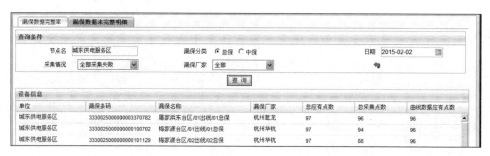

图 3-89　保护器数据未完整明细界面

五、保护器异常处理情况

现场保护器发生异常后，会以告警的形式将异常信息上传至主站，主站对异常数据进行解析统计后，以短信形式告知运维人员，有效提升了运维抢修工作效率，因此，需要充分利用保护器异常处理情况模块，实现各单位异常处理情况的统计分析，督促运行单位及时检查处理并对处理不力的单位进行通报考核。

（一）异常处理率统计

系统菜单路径：统计分析→保护器异常处理情况→异常处理率统计。

该功能可根据保护器分类、按月份、异常类型等查询条件，查询该节点下各单位保护器异常处理率，以图表的形式较为直观地展示与保护器异常有关的信息，如图3-90所示。

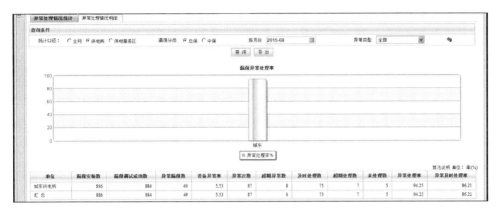

图3-90 异常处理率统计界面

（二）异常处理率明细

系统菜单路径：统计分析→保护器异常处理情况→异常处理率明细。

该功能可根据节点名、保护器分类、异常类型等条件，查询该节点下保护器发生异常的具体信息，如图3-91所示。

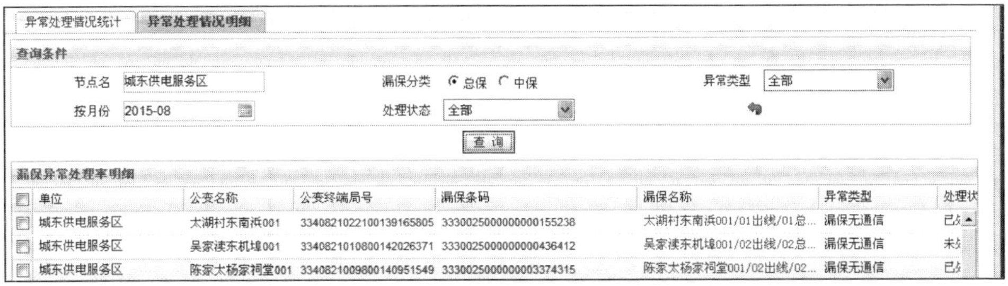

图3-91 异常处理率明细界面

六、保护器自动调档情况

（一）保护器自动调档统计

系统菜单路径：统计分析→保护器自动调档情况→保护器自动调档统计。

该功能可根据统计口径、保护器分类、按日期等查询条件，查询该节点下保护器的自动调档情况，如图3-92所示。

图 3-92 保护器自动调档统计界面

（二）保护器自动调档明细

系统菜单路径：统计分析→保护器自动调档情况→保护器自动调档明细。

该功能可根据节点名、保护器分类、档位类型等查询条件，查询该节点下保护器的自动调档明细，如图 3-93 所示。

图 3-93 保护器自动调档明细界面

七、保护器指标管控

保护器指标管控通过保护器指标周报、保护器指标月报、保护器指标季报、保护器指标年报的形式来实现，即以时间为轴线来统计分析保护器各项数据指标，使得运行人员及时获知各自单位的保护器指标，找准指标短板并采取相应的补强措施，从而进一步提升低压配网运维管理品质。这里以管控月报为例进行说明。

系统菜单路径：统计分析→保护器指标管控→保护器管控月报。

该功能可根据统计口径、保护器分类、指标项等查询条件，查询该节点下每月保护器的指标管控情况，主要包括安装率、投运数量比率、在线采集成功率、异常处理率等指标，如图 3-94 所示。

八、保护器质量管控

（一）保护器故障及时更换情况

系统菜单路径：统计分析→保护器质量管控→保护器故障及时更换情况。

图 3-94　保护器管控月报界面

该功能可根据统计口径、保护器分类、月份等查询条件，查询该节点下保护器的故障和更换情况，如图 3-95 所示。

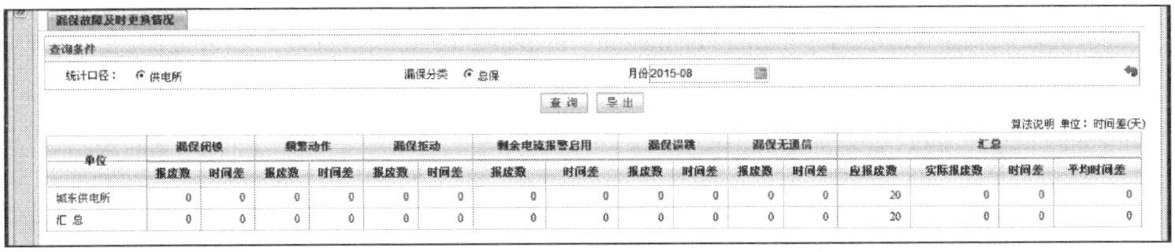

图 3-95　保护器故障及时更换情况界面

（二）保护器故障信息统计

系统菜单路径：统计分析→保护器质量管控→保护器故障信息统计。

该功能可根据节点名、月份等查询条件，查询该节点下保护器的故障信息统计，如图 3-96 所示。

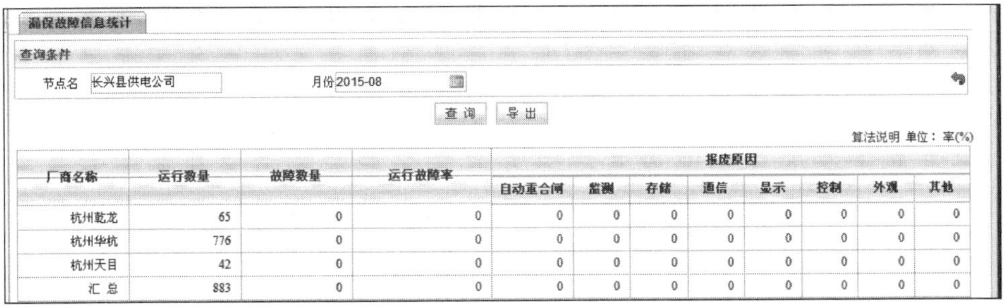

图 3-96　保护器故障信息统计界面

九、保护器实时监控

（一）保护器统计

系统菜单路径：统计分析→保护器实时监控→保护器统计。

该功能可根据统计口径、保护器分类等查询条件，查询该节点下保护器的安装、调试情况，如图 3-97 所示。

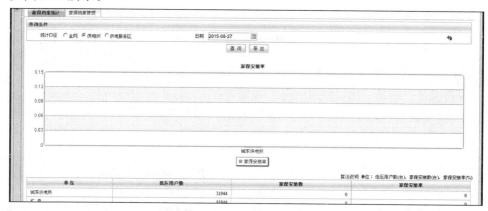

图 3-97　保护器统计界面

（二）家保档案统计

系统菜单路径：统计分析→保护器实时监控→家保档案统计。

该功能可根据统计口径、日期等查询条件，查询该节点下家保的安装情况，如图 3-98 所示。

图 3-98　家保档案统计界面

（三）跳闸告警统计

系统菜单路径：统计分析→保护器实时监控→跳闸告警统计。

该功能可根据统计口径、保护器分类、告警原因等查询条件，查询、统计该节点下保护器的跳闸告警原因，如图 3-99 所示。

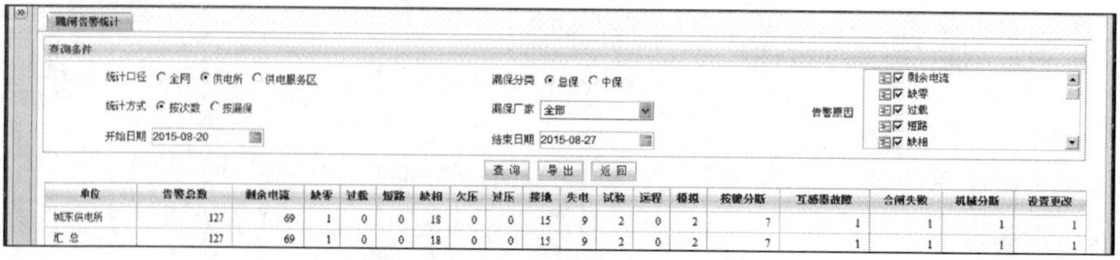

图 3-99　跳闸告警统计界面

（四）多次跳闸统计

系统菜单路径：统计分析→保护器实时监控→多次跳闸统计。

该功能可根据统计口径、保护器分类、告警原因等查询条件，查询、统计该节点下发生多次跳闸的保护器数，如图 3-100 所示。

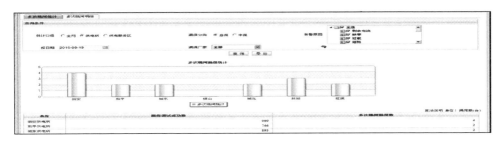

图 3-100　多次跳闸统计界面

（五）多次跳闸明细

系统菜单路径：统计分析→保护器实时监控→多次跳闸明细。

该功能可根据统计口径、保护器分类、告警原因等查询条件，查询、统计该节点下发生多次跳闸的保护器详细清单，如图 3-101 所示。

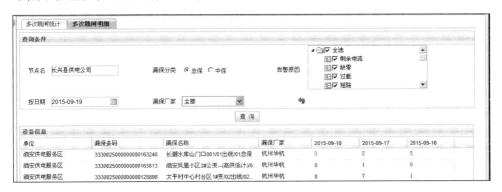

图 3-101　多次跳闸明细界面

十、　保护器运行监控

（一）保护器跳闸次数统计

系统菜单路径：统计分析→保护器运行监控→保护器跳闸次数统计。

该功能可根据统计口径、保护器分类、日期等查询条件，查询该节点下保护器的跳闸次数和发生跳闸的保护器数，如图 3-102 所示。

（二）总保跳闸情况月报

系统菜单路径：统计分析→保护器运行监控→总保跳闸情况月报。

该功能可根据统计口径、按地市、按月份等查询条件，查询该节点下保护器

保护器跳闸次数统计

查询条件

统计口径：○全网 ◉供电所 ○供电服务区　　漏保分类 ◉总保 ○中保　　日期 2015-09-18

查 询　导 出

算法说明 单位：数(台)、率(%)

单位	漏保投运数	漏保跳闸次数	发生跳闸漏保数	当日3次以上跳闸漏保数	重复跳闸率
浙江省电力公司	208725	1653	690	160	0.08
杭州供电公司	25914	170	86	18	0.07
杭州局直属	0	0	0	0	0
萧山区供电公司	4655	13	8	1	0.02
余杭区供电公司	5293	21	16	2	0.04
富阳市供电公司	3700	33	16	2	0.05

图 3-102　保护器跳闸次数统计界面

的安装、抽运、跳闸和重复跳闸情况，如图 3-103 所示。

总保跳闸情况月报

查询条件

统计口径：○全网 ◉供电所 ○供电服务区　　◉按地市 ○按县局　　按月份 2015-09

查 询　导 出

算法说明 单位：漏保数(台)、时间(小时)、率(%)

单位	公变数	已装总保公变数	安装总保公变比率	应装数	调试成功数	本月总保安装比率	有效安装时间	投运时间	本月总保投运比率	有效投运数	跳闸次数	本月总保平均跳闸次数	本月跳闸≥3次总保数	本月重复跳闸总保比率	总保安全运行指数
杭州供电公司	16101	15038	93.4	28017	26204	99.4	11220119.25	10197398.75	90.88	23605.09	4988	0.21	477	2.02	84.82
宁波供电公司	12749	11541	90.52	20638	20195	99.48	8646634.25	7923447.5	91.64	18341.31	656	0.04	53	0.29	85.97
嘉兴供电公司	18034	17392	96.44	34303	34137	99.52	14349941.5	13434867.25	93.62	31099.23	3614	0.12	369	1.25	90.78
湖州供电公司	14547	14425	99.16	29441	29241	99.33	12531999.25	11635130.5	92.84	26933.17	11580	0.43	1080	4.01	86.27
绍兴供电公司	14142	12675	89.63	22515	22040	98.05	9446760.25	8357270.25	88.47	19345.53	3721	0.19	324	1.67	80.77
衢州供电公司	6480	6418	99.04	10400	10377	99.87	4451865	4206194	94.48	9736.56	4198	0.43	343	3.52	87.17
金华供电公司	12858	11459	89.12	25315	25072	99.19	10763956	9880401.25	91.79	22871.3	5009	0.22	561	2.45	81.02
温州供电公司	8432	4081	48.4	8184	6352	99.44	2708149.75	2400704.25	88.65	5557.19	915	0.16	107	1.93	43.87
台州供电公司	15505	14953	96.44	28720	27011	98.34	11530378	10127633.5	87.83	23443.6	4972	0.21	434	1.85	86.18
丽水供电公司	7786	7652	98.28	11318	11233	99.37	4795414.25	4486245.5	93.55	10384.83	1789	0.17	169	1.63	91.43
舟山供电公司	988	819	82.89	1405	1394	99.22	597781.75	564097	94.37	1305.78	359	0.27	11	0.84	76.21
汇 总	127622	116453	91.25	220256	213256	99.24	91042999.25	83213389.75	91.4	192623.59	42001	0.22	3948	2.05	82.93

图 3-103　总保跳闸情况月报界面

（三）总保跳闸情况季报

系统菜单路径：统计分析→保护器运行监控→总保跳闸情况季报。

该功能可根据统计口径、按地市、按季度等查询条件，查询该节点下保护器的安装、抽运、跳闸和重复跳闸情况，如图 3-104 所示。

总保跳闸情况季报

查询条件

统计口径：○全网 ◉供电所 ○供电服务区　　◉按地市 ○按县局　　按季度 2015 第三季度

查 询　导 出

算法说明 单位：漏保数(台)、时间(小时)、率(%)

单位	公变数	已装总保公变数	安装总保公变比率	应装数	调试成功数	季度总保安装比率	有效安装时间	投运时间	季度总保投运比率	有效投运数	跳闸次数	季度总保平均跳闸次数	季度跳闸≥3次总保数	季度重复跳闸总保比率	连续2月跳闸达到2次的总保数	总保安全运行指数
杭州供电公司	16101	15038	93.4	28017	26204	99.4	48629711.25	46940003.25	96.53	24447.92	30998	1.27	2997	12.26	350	84.04
宁波供电公司	12749	11541	90.52	20638	20195	99.48	37811629.25	36924387	97.65	19231.45	28935	1.5	483	2.51	59	84.93
嘉兴供电公司	18034	17392	96.44	34303	34137	99.52	63338973.75	60461298.5	95.46	31490.26	24482	0.78	2613	8.3	368	89.04
湖州供电公司	14547	14425	99.16	29441	29241	99.33	55024546.5	53477813	97.19	27853.03	76534	2.75	5403	19.4	1384	82.8
绍兴供电公司	14142	12675	89.63	22515	22040	99.05	41533074.5	38982309.75	93.86	20303.29	27963	1.38	2448	12.06	379	79.26
衢州供电公司	6480	6418	99.04	10400	10377	99.87	19505361.5	19049327.25	97.66	9921.52	22193	2.24	1841	18.56	392	84.61
金华供电公司	12858	11459	89.12	25315	25072	99.19	47288488.75	45854760	96.97	23882.69	32846	1.38	3248	13.6	589	79.64
温州供电公司	8432	4081	48.4	8184	6352	99.44	12034475.5	11028759	91.64	5744.15	6237	1.09	473	8.23	129	43.38
台州供电公司	15505	14953	96.44	28720	27011	98.34	50878361.75	47211516.75	92.79	24589.33	30721	1.25	2184	8.88	521	86.32
丽水供电公司	7786	7652	98.28	11318	11233	99.37	20633137.75	20190471.5	97.85	10515.87	15188	1.44	1085	10.32	170	89.39
舟山供电公司	988	819	82.89	1405	1394	99.22	2643218.5	2560585	96.87	1333.64	2597	1.95	156	11.7	24	73.4
汇 总	127622	116453	91.25	220256	213256	99.24	399320979.00	382681231.00	95.83	199313.14	298692	1.5	22931	11.51	4365	81.5

图 3-104　总保跳闸情况季报界面

（四）总保跳闸情况明细

系统菜单路径：统计分析→保护器运行监控→总保跳闸情况明细。

该功能可根据节点名、日期、跳闸次数等查询条件，查询、统计该节点下保护器的跳闸情况详细清单，如图 3-105 所示。

图 3-105　总保跳闸情况明细界面

（五）公变告警屏蔽统计

系统菜单路径：统计分析→保护器运行监控→公变告警屏蔽统计。

该功能可根据统计口径、日期等查询条件，查询该节点下公变告警屏蔽数，如图 3-106 所示。

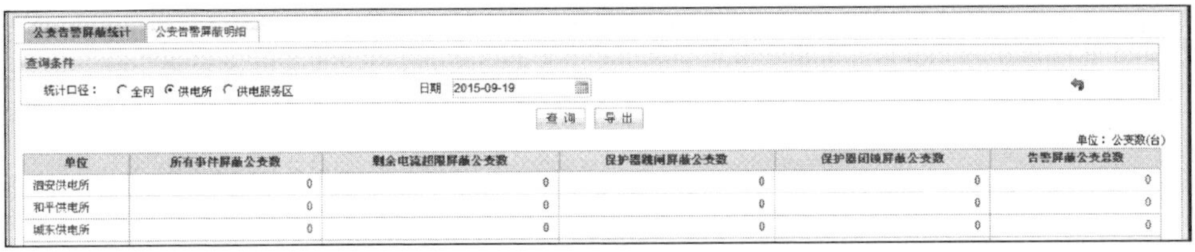

图 3-106　公变告警屏蔽统计界面

（六）公变告警屏蔽明细

系统菜单路径：统计分析→保护器运行监控→公变告警屏蔽明细。

该功能可根据节点名、日期、告警屏蔽事件等查询条件，查询该节点下发生的公变告警屏蔽详细清单，如图 3-107 所示。

图 3-107　公变告警屏蔽明细界面

（七）总保闭锁情况统计

系统菜单路径：统计分析→保护器运行监控→总保闭锁情况统计。

该功能可根据统计口径、日期等查询条件，查询该节点下总保发生的闭锁数量，如图 3-108 所示。

图 3-108   总保闭锁情况统计界面

（八）总保闭锁情况明细

系统菜单路径：统计分析→保护器运行监控→总保闭锁情况明细。

该功能可根据节点名、日期、告警原因等查询条件，查询、统计该节点下总保发生的闭锁详细清单，如图 3-109 所示。

图 3-109   总保闭锁情况明细界面

第六节   系   统   管   理

系统管理模块具有权限管理、主站日志、主站管理、保护器条码管理、通讯适配器条码管理等功能子菜单，可以对机构进行管理，提供添加机构和删除机构的功能，可以查询操作员的基本信息，并可以添加、修改、删除操作员。通过主站日志管理，可以查阅使用本系统，在机构管理、操作员管理、角色管理中执行新建、修改、删除等操作记录。通过保护器条码管理，可以对条码进行申请，并统计哪些保护器还未被使用，为保护器的资产管理提供参考。系统管理模块结构框图如图 3-110 所示。

通过系统管理模块的应用，系统管理人员可以根据公司的机构进行管理、分配权限等，保证了各级使用人员对系统的正常操作，可以查阅各级使用人员对机构及人员的操作信息，并可以通过记录核实；可以统计哪些保护器还未被使用，为保护器的资产管理提供参考。

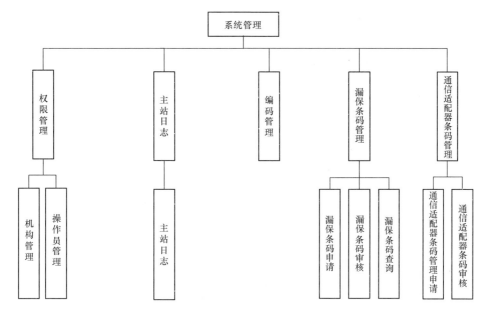

图 3-110　系统管理模块结构框图

一、权限管理

权限管理可以实现机构管理和操作员管理功能，可以实现对机构、人员角色进行管理。

（一）机构管理

机构管理主要是对机构进行维护管理。

系统菜单路径：系统管理→权限管理→机构管理。

该功能主要有添加机构和删除机构，如图 3-111 所示。

图 3-111　机构管理界面

（二）操作员管理

系统菜单路径：系统管理→权限管理→操作员管理。

该功能可以查询操作员的基本信息，并可以添加、修改、删除操作员。在添加或修改操作员时，需要给操作员赋予相应的权限（在角色列表中选择相应的角色），如图 3-112 所示。

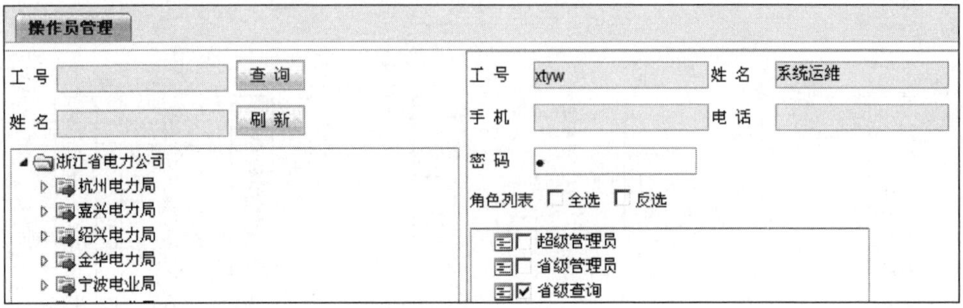

图 3-112　操作员管理界面

二、 主站日志

主站日志管理主要是对机构维护、操作员、角色维护进行管控，任何操作记录都可以在主站日志中查询与分析。

系统菜单路径：系统管理→主站日志→主站日志。

可以查阅使用本系统，在机构管理、操作员管理、角色管理中执行新建、修改、删除等操作记录，如图 3-113 所示。

图 3-113　主站日志界面

三、 保护器条码管理

接入剩余电流动作保护器监测系统的任意一支保护器都具备唯一的标识，即保护器的资产条码。在系统中进行资产条码的申请操作，该条码包含了保护器的生产厂商、使用单位、产品形式、通信地址等标签功能，并且随着保护器的报废而作废。

（一）保护器条码申请

系统菜单路径：系统管理→保护器条码管理→保护器条码申请。

使用单位根据需求在系统中进行保护器（总保、中保）资产条码的申请操作，申请条码时需提交相应的资产条码申请单作为附件并上传系统，如图 3-114 所示。

图 3-114　保护器条码申请界面

（二）保护器条形码审核

系统菜单路径：系统管理→保护器条码管理→保护器条码审核。

通过监测系统进行保护器资产条码审核操作，审核条码时需验证条码申请单内容与条码申请栏内容是否一致，如图 3-115 所示。

图 3-115　保护器条码审核界面

（三）保护器条码查询

系统菜单路径：系统管理→保护器条码管理→保护器条码查询。

通过监测系统进行保护器资产条码查询操作，可查询本单位内历史申请情况记录、条码使用情况等，如图 3-116 所示。

四、 适配器条码管理

接入剩余电流动作保护器监测系统的任意一支适配器都具备唯一的标识，即适配器的资产条码。在系统中进行资产条码的申请操作，该条码包含了适配器的

图 3-116　保护器条码查询界面

生产厂商、使用单位、产品形式、通信地址等标签功能，并且随着保护器的报废而作废。

（一）通讯适配器条码申请

系统菜单路径：系统管理→适配器条码管理→适配器条码申请。

根据节点名查询该节点下适配器条码的申请记录，如图 3-117 所示。如果需要申请新的适配器条码，单击【申请】按钮，如图 3-118 所示。

图 3-117　适配器条码申请界面

图 3-118　适配器条码申请新增界面

（二）通讯适配器条码审核

系统菜单路径：系统管理→适配器条码管理→适配器条码审核。

根据节点名查询该节点下适配器条码的申请记录，如果申请信息无误，单击

【审核】按钮，完成适配器条形码审批操作，如图 3-119 所示。

图 3-119　适配器条码审核界面

保护器的日常管理

智能保护器的日常管理主要包括装接管理、监测管理、检测仪器使用、异常处理、质量监督管理五部分。在剩余电流动作保护器监测系统使用操作中，通过系统界面进行各种功能模块的操作，包括保护器新装、更换、拆除等各种功能模块，本章对系统所涉及的业务流程进行详细的介绍。

第一节　保护器装接管理流程

本节采用流程图的方式介绍了业务模块及流程，包括智能公变终端更换，总保新装、更换、拆除，中保新装、新增和中保通信设备的更换等流程。保护器全寿命周期闭环流程图如图 4-1 所示。

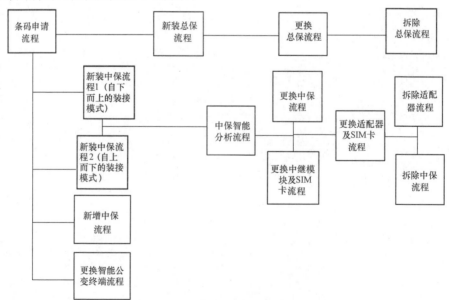

图 4-1　保护器全寿命周期闭环流程图

剩余电流动作保护器监测系统可对智能保护器从条码申请直至保护器使用报废全寿命过程的各种业务流程进行跟踪管理，以下对各子业务流程进行详细介绍。

一、 保护器条码申请流程

保护器条码申请需在系统申请操作，填写保护器资产条码申请单（见表 4-1）并扫描上传系统留档。保护器条码作为保护器唯一的标识，从申请时就必须严格管理，必须一一对应，包括厂商对应、使用单位对应、产品类型对应等。若在系统中提交的申请资料与上传的扫描附件内容不一致，则不能申请通过，需要重新申请。保护器条码申请流程图如图 4-2 所示。

表 4-1 　　　　　　　　　　保护器资产条码申请单

申请单位			
申请人		申请日期	
招标批次		附　件	
保护器厂商		申请数量	
保护器种类	总保□　　　　中保□		
申请原因			
审批意见			

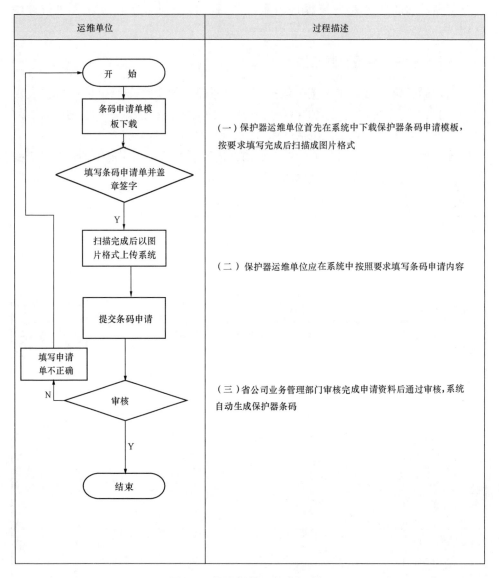

运维单位	过程描述

(一) 保护器运维单位首先在系统中下载保护器条码申请模板，按要求填写完成后扫描成图片格式

(二) 保护器运维单位应在系统中按照要求填写条码申请内容

(三) 省公司业务管理部门审核完成申请资料后通过审核，系统自动生成保护器条码

图 4-2 保护器条码申请流程图

二、新装总保流程

新装总保时需填写完成保护器装接单（见表 4-2）。填写时应注意：①总保安装地址要与所在线路名称对应；②现场 RS-485 接线要规范、牢靠，切勿短接或断接；③登记保护器条码与线路名称；④新装调试流程包括终端中继召测保护

124

器档案参数、下发设置测量点参数、下发设置保护器任务配置，完成安装；⑤首次装接调试不成功的总保需要在规定时间内重新调试，直至调试成功方可结束装接流程。新装总保流程图如图 4-3 所示。

表 4-2   保护器装接单

基本资料	NO.		所属供电所		公变名称		
	装接日期		公变所属 10kV 线路		公变地址		
保护器资料	公变出线数量	出线名称	保护器资产条码		保护器厂家、型号		RS-485 线检查（接终端第一路 RS-485 接口，检查接线是否完好）
公变终端	终端厂家		终端逻辑地址			终端运行检查	
台区责任人	姓名		工号		联系电话		
填表人	姓名			单位			

说明：带通信功能总保的装接相对于传统总保的装接并无区别，按安装使用规定将一体式或分体式总保进行现场安装完成后，需将所有总保的 RS-485 通信接口进行并联后接入配变终端的第一路（抄表）RS-485 接口，并检查通信线是否虚接、短路等。接线完成后为了确保接线正确，可通过万用表直流电压挡和线路通断检测挡进行检查，现场检查完成后将现场的安装信息填写到安装表后录入监测系统。

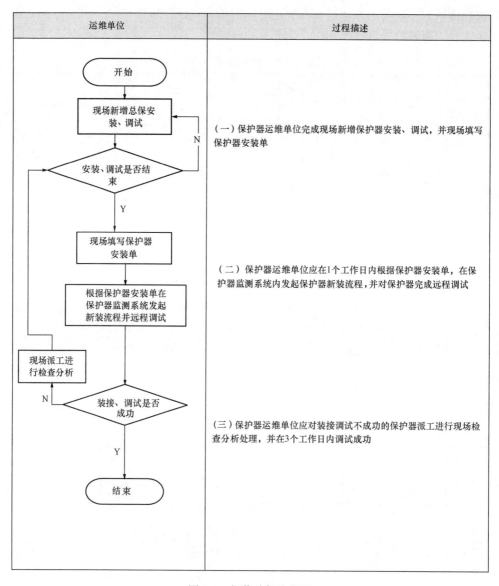

运维单位	过程描述

（一）保护器运维单位完成现场新增保护器安装、调试，并现场填写保护器安装单

（二）保护器运维单位应在1个工作日内根据保护器安装单，在保护器监测系统内发起保护器新装流程，并对保护器完成远程调试

（三）保护器运维单位应对装接调试不成功的保护器派工进行现场检查分析处理，并在3个工作日内调试成功

图 4-3　新装总保流程图

三、 更换总保流程

总保出现故障后，需在监测系统中更换总保，填写故障保护器更换单（见表4-3），及时更新更换后的总保档案信息。更换时应注意以下几点：①更换的总保安装地址要与所在线路名称对应；②现场 RS-485 接线要规范、牢靠，切勿短接

或断接；③登记更换后总保条码；④进行更换总保调试流程操作；⑤不成功的总保需要在规定时间内重新调试，直至调试成功方可结束装接流程。更换总保流程图如图 4-4 所示。

表 4-3   故障保护器更换单

基本资料	NO.		所属供电所		公变名称		
	更换日期		公变所属 10kV 线路		公变地址		
出线名称	原保护器资料			更换后保护器资料			
	原保护器资产条码		厂家/型号	更换后保护器资产条码		厂家/型号	RS-485 线检查（接终端第一路 RS-485 接口，检查接线是否正确）
公变终端	终端厂家			终端逻辑地址			终端运行检查
台区责任人	姓名			工号		联系电话	
填表人	姓名			单位			

说明：通过监测系统发现故障的总保后，现场更换总保后需要填写上述更换表单留档，将新的总保档案录入系统并进行触发调试，完成更换流程。

四、 拆除总保流程

需要拆除总保时，应在系统中按拆除总保流程操作，系统会自动下发设置公变终端的测量点参数以及该总保的任务参数，该台区低压出线测的安装点也同步删除，具体流程如图 4-5 所示。

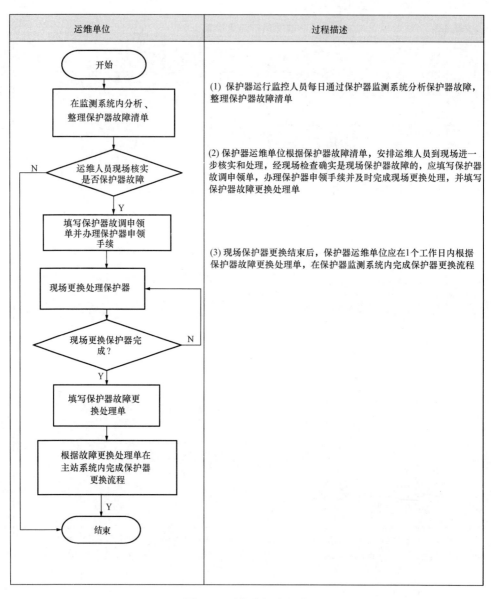

运维单位	过程描述
开始	(1) 保护器运行监控人员每日通过保护器监测系统分析保护器故障，整理保护器故障清单
在监测系统内分析、整理保护器故障清单	
运维人员现场核实是否保护器故障 N	(2) 保护器运维单位根据保护器故障清单，安排运维人员到现场进一步核实和处理，经现场检查确实是现场保护器故障的，应填写保护器故调申领单，办理保护器申领手续并及时完成现场更换处理，并填写保护器故障更换处理单
Y	
填写保护器故调申领单并办理保护器申领手续	
现场更换处理保护器	(3) 现场保护器更换结束后，保护器运维单位应在1个工作日内根据保护器故障更换处理单，在保护器监测系统内完成保护器更换流程
现场更换保护器完成？ N	
Y	
填写保护器故障更换处理单	
根据故障更换处理单在主站系统内完成保护器更换流程	
Y	
结束	

图 4-4　更换总保流程图

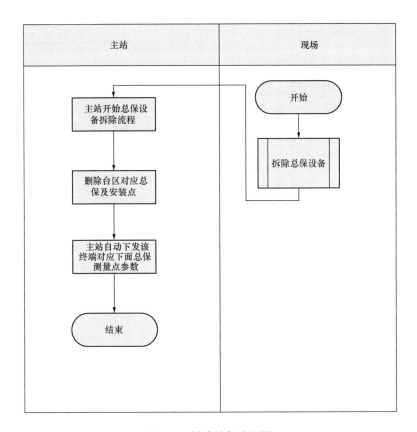

图 4-5　拆除总保流程图

五、　新装中保流程

（一）GPRS 水平通信技术自下而上中保装接模式

自下而上的中保装接模式适用于现场先批量安装，后期调试、配对等，特点是现场调试工作量较大，优点是能够减少系统操作人员在系统调试上的工作量，使用单位可根据管理情况选择。

中保的装接分为主站装接和现场调试，且相互交叉进行。系统中先做好台区与通迅适配器之间设备的配对，现场装接调试完成后，填写中保装接单，如表4-4 所示，完成公变终端与通迅适配器之间的通信调试，召测通迅适配器的测量点档案信息，下发测量点参数，建立线路总保与中保的对应关系，下发中保通配任务，完成中保装接调试，具体流程如图 4-6 所示。

表 4-4　　　　　　　　　　　　　　中保装接单

基本资料	NO.	公变台区名称		中保装接周期	201 年　月　　日至 201 年　月　　日		
	共装接中保（　）台			负责人		电话	
		适配器及中继模块厂商	适配器逻辑地址		适配器 IP 地址及端口		
序号	所属总保	中保接入点名称（营配贯通平台）	中级保护器资产条码		保护器厂家（型号）	接入低压用户数量	低压用户名称（营配贯通平台）
1							
2							
3							
4							
5							
6							
7							
8							
9							
说明：	中保接线及中继模块参数设置检查	检查 RS-485 线（中保接中继模块 RS-485 通信接口，检查接线是否完好）					
		检查中继模块是否完成设置本台区的适配器 IP 地址及端口					
务必严格按照台区真实情况填写核对，系统将根据该台区的保护器跳闸信息进行检查考核							

说明：

1. 设备现场安装前应先查勘，统计台区需安装的中保数，领出所需的适配器与中继模块设备。

2. 将准备安装的适配器与中继模块进行配对，使用红外掌机读取适配器 IP 地址，逐一设置到同一台区的各中继模块中。

3. 安装完成后，根据"中保现场装接单"要求记录台区名、适配器条码、中保资产条码、中保名称、中保与总保的对应关系。

4. 在主站走适配器新装流程，选择公变终端及适配器，主站下发级联参数（从终端逻辑地址；只发一个，其他置 FF）给公变终端。

5. 召测适配器参数（IP）来测试通信是否成功，若成功，则继续流程；否则流程调试失败，重新修改后触发。

6. 主站主动定时召测适配器测量点有效标识，召测成功并返回有效测量点程；如若召测失败或者返回测量点有效标识都为空，则中止流程并置为待触发状态。

7. 主站召测有效测量点的中保参数（额定电压、额定电流、厂家工厂代码等 8 项参数，参见总保召测）、SIM 卡串号、中保地址；如若召测失败，则中止流程并置为待触发状态。

8. 根据"装接单"反馈信息，手工录入中保安装点，建立总保与中保的关系。

9. 主站下发 0 号测量点的通配任务，下发有效测量点的任务有效标志；如若返回设置失败，则中止流程并置为待触发状态

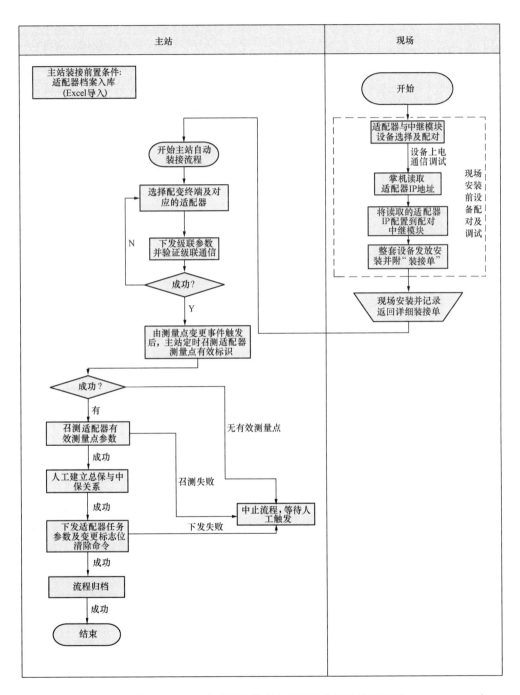

图 4-6   GPRS 水平通信技术自下而上中保装接流程图

（二）GPRS 水平通信技术自上而下中保装接模式

中保自上而下关键步骤是利用系统的短信发送功能，对各个中继模块发送指定的通讯适配器的通信 IP 地址及端口号，优点是利用移动作业电脑终端（PDA）现场设置中继模块的通信地址，减少了现场的人工作业工作量，但是增加了系统操作的关键步骤。中保装接前需先维护 SIM 卡资料库，现场安装调试完成时需要登记所使用的 SIM 卡，再通过系统主站以短信通信的方式发送台区通讯适配器的通信 IP 地址及端口号给所关联的中继模块，中继模块收到短信设置命令后与通讯适配器进行连接，完成后进行数据交互，通讯适配器采用与公变终端级联通信的方式进行交互，具体流程如图 4-7 所示。

（三）微功率无线通信技术 LoRa 方案的中保新装流程

微功率无线通信技术 LoRa 方案是指现场安装带有 LoRa 通信模块的中保与 LoRa 通信网关的自动组网成功后，填写中保装接单，公变终端 RS-485 级联通信 LoRa 网关，读取中保信息并上传系统，操作人员将中保与总保的关系进行维护，如图 4-8 所示。

六、 更换智能公变终端流程

智能公变终端是该台区通信关口，总保和中保的通信都需要借助公变终端的通信通道进行上传，更换公变终端操作时需要在其他系统中进行，系统会自动将总保参数，通讯适配器级联参数等，下发至更换后智能公变终端，验证总保任务数据成功上传后完成更换智能公变终端流程，具体流程如图 4-9 所示。

七、 更换通讯适配器及 SIM 卡流程

系统中规定通讯适配器与 SIM 卡是捆绑的，通讯适配器故障时，需将通讯适配器与所使用的 SIM 卡一同更换，具体流程如图 4-10 所示。

八、 拆除通讯适配器流程

拆除适配器须在监测系统中走适配器拆除流程，现场拆除适配器后，系统下发公变终端级联参数的删除命令，并删除适配器的档案参数，具体流程如图 4-11 所示。

九、 更换中继模块及 SIM 卡流程

系统中规定中继模块与 SIM 卡是捆绑的，中继模块故障时，需将中继模块与所使用的 SIM 卡一同更换，具体流程如图 4-12 所示。

十、 更换中保流程

更换中保后，中继模块会主动读取中保设备信息并上传至适配器，适配器产

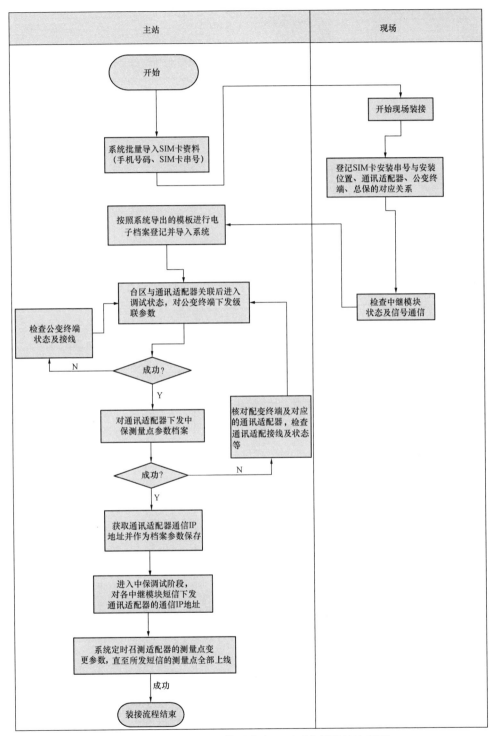

图 4-7 GPRS 水平通信技术自上而下中保装接流程图

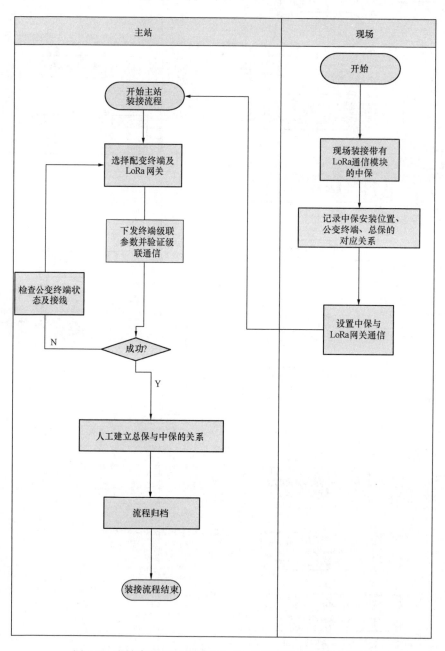

图 4-8　微功率无线通信技术 LoRa 方案的中保新装流程图

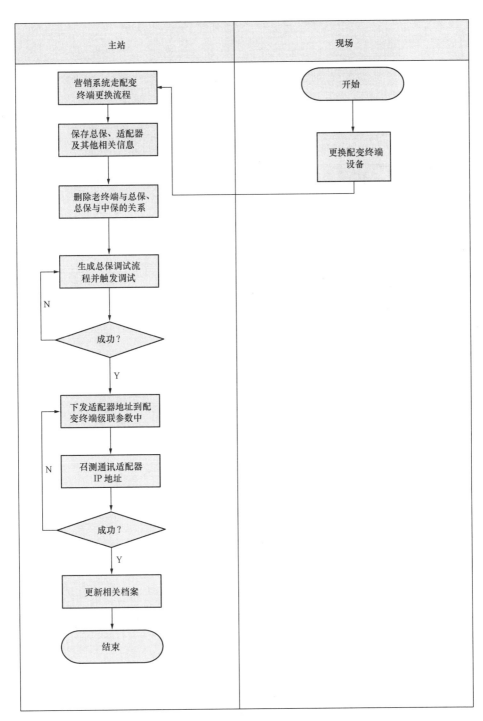

图 4-9　更换智能公变终端流程图

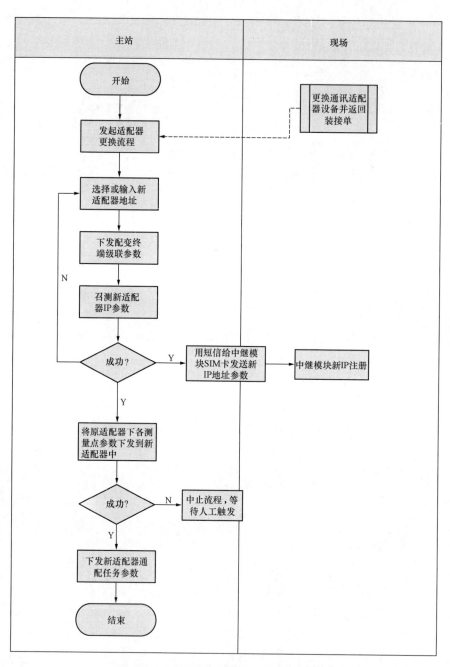

图 4-10　更换通讯适配器及 SIM 卡流程图

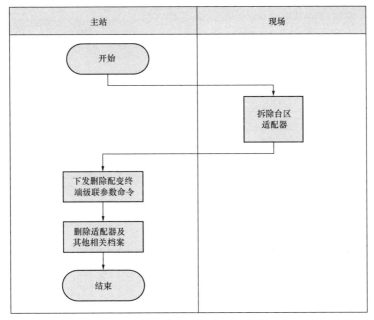

图 4-11　拆除适配器流程图

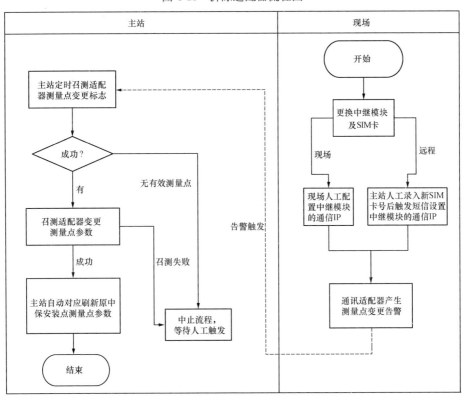

图 4-12　更换中继模块及 SIM 卡流程图

137

生测量点变更告警事件后上传系统，监测系统把更换后的中保信息进行保存，完成更换中保流程，如图 4-13 所示。

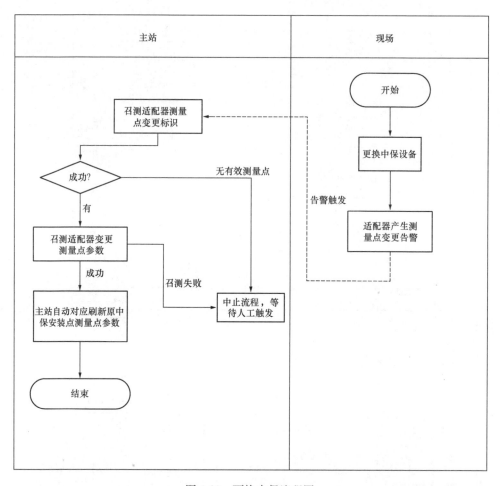

图 4-13　更换中保流程图

十一、　新增中保流程

新增中保原理与更换中保流程基本一致，产生测量点变更事件，将新的中保信息作为适配器的测量点参数上传至监测系统进行保存，如图 4-14 所示。

十二、　拆除中保流程

现场拆除中保设备后，在监测系统中进行拆除中保设备流程，主要是对通讯适配器下发测量点进行删除，如图 4-15 所示。

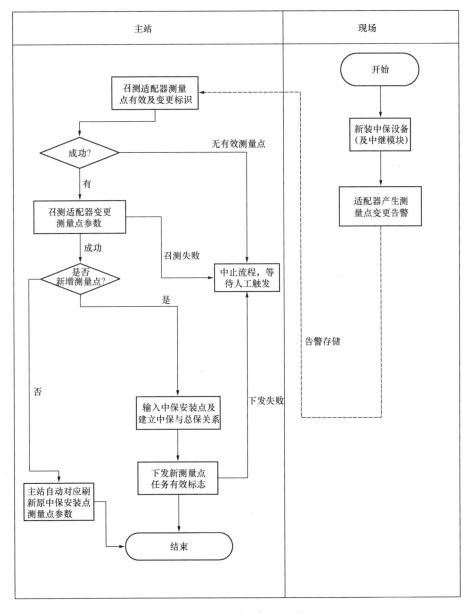

图 4-14 新增中保流程图

十三、 中保装接智能辅助分析流程

中保涉及的通信环节业务流程如图 4-16 和图 4-17 所示，监测系统需依靠相关运行数据进行逻辑计算，推算出可能存在的故障点及原因。装接故障场景如图 4-18 和图 4-19 所示。

139

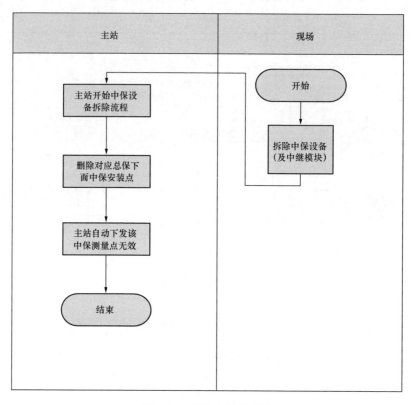

图 4-15　拆除中保流程图

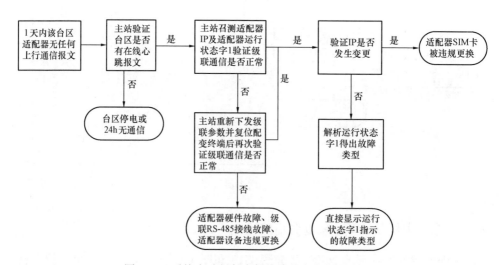

图 4-16　系统自动判断中保故障分类定位流程图 1

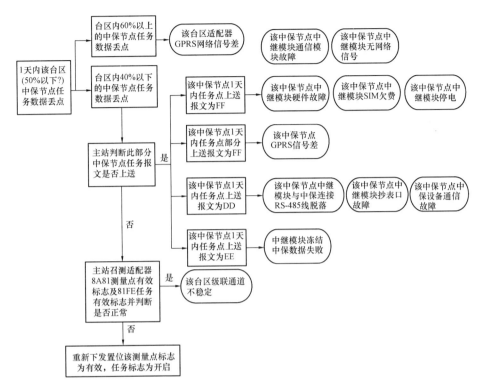

图 4-17　系统自动判断中保故障分类定位流程图 2

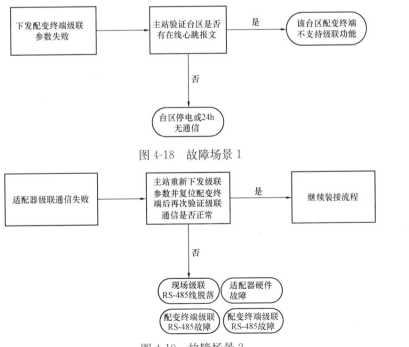

图 4-18　故障场景 1

图 4-19　故障场景 2

第二节　保护器监测管理

本节主要从智能保护器的安装投运、档案参数、异常管理 3 部分展开，以管理的角度去加强保护器日常管理，以此提高供电所对低压配电网安全、供电所资料台账、保护器备品备件及生命周期等专业的管理水平。

一、保护器安装投运

保护器的正确安装投运是保证低压电网用电安全的重要技术手段，通过对保护器安装投运情况的监测管理，及时发现在运公用变压器及回路安装点中存在的剩余电流保护盲区，防止因保护器安装投运盲区而导致线路泄漏电流不能及时切除，引起人身触电及电器火灾事故。

（一）保护器公用变压器覆盖率管理

保护器公用变压器覆盖率及覆盖明细通过统计分析模块下的保护器覆盖情况查询，保护器公用变压器覆盖率的监测周期为 1 天，安装总保公用变压器比例应达到 100％。

监测发现安装总保公用变压器比例未达到 100％，可单击指标数值快捷进入公用变压器保护器覆盖明细表，调阅未安装总保的公用变压器清单。

影响保护器公用变压器覆盖率的常规性问题主要有：新增公用变压器后未走安装总保流程；在运公用变压器所有保护器条码拆除后未补装或调试未成功；待销户公用变压器全部安装点注销后，销户流程未同步跟进。

公用变压器未覆盖保护器的具体研判方法为：查询公用变压器档案、保护器安装点明细及公用变压器用户数，确认公用变压器所属状态为新增、运行或待销户。

保证保护器公用变压器覆盖率，应加强配变工程、设备运维与保护器管理的协同，如新增公用变压器与总保安装调试流程协同，现场总保更换与总保条码更换调试流程协同，公用变压器销户与总保安装点注销流程协同，确保各环节无缝衔接。

（二）保护器安装率管理

保护器安装率与保护器公用变压器覆盖率的主要区别是前者监测到公用变压器，后者监测到公用变压器下回路。保护器安装率及安装明细通过统计分析模块下的保护器覆盖情况查询，保护器安装率监测周期为 1 天，保护器安装率应达到 100％。

监测发现保护器安装率未达到 100％，可单击指标数值快捷进入保护器安装点明细表，调阅安装点未装总保明细。

影响保护器安装率的常规性问题与公用变压器未覆盖保护器相同,保护器公用变压器覆盖率涵盖整台公用变压器,保护器安装率则细化到每条回路,若1台公用变压器下单个安装点存在未装总保,则应判断保护器条码拆除后未补装、调试未成功或安装点未注销。

安装点未装总保的具体研判方法及保护器安装率的管理与保护器公用变压器覆盖率相同。

(三)保护器投运率管理

保护器投运率主要指有效投运时间比率,有效投运时间比率与保护器曲线数据15min 1个节点的剩余电流报警状态(开启即退运)和有效采集点数(1天共有96个采集点位)相关,保护器日有效投运时间比率监测周期为1天,日有效投运时间比率应达到100%。

监测发现保护器日有效投运时间比率未达到100%,可单击指标数值快捷进入保护器投运时间明细表,调阅日有效投运时间比率未达到100%的保护器清单。

影响保护器投运率的常规性问题主要有:现场保护器的剩余电流报警开启(退运)或保护器RS-485通信故障;系统内保护器调试成功,但采集任务投运失败;智能公变终端或保护器调试问题或故障。

保护器未满足有效投运时间的具体研判方法为:进入异常处理明细,查询保护器是否存在剩余电流报警或24h无通信异常;若对采集点数获取有更高需求,可进入单台保护器的曲线数据,查询96个点位是否存在缺失或退运;若存在保护器更换后调试成功,但曲线数据缺失的,可进入采集任务管理,查询总曲线数据任务的投运情况。

保证保护器投运率,应加强现场故障排查及闭环能力,确保故障点得到有效处理,保护器可靠投运;应加强系统监测及故障研判,对采集点位缺失的保护器进行故障排除,确保曲线数据完整。

二、 保护器档案参数

保护器档案参数主要围绕档案维护管理和动作参数管理展开。保护器档案完整性管理是供电所资料台账管理的必备要求,也是保护器备品备件储备及生命周期管理的主要依据,保护器运行参数管理是实现保护器上下级配置原则的主要监测手段,同时也是监督供电所日常运行质量的有力支撑。

(一)保护器档案维护管理

保护器档案即保护器台账,保护器台账信息在保护器调试环节自动获取,但部分保护器在获取环节可能会发生缺失,因此在保护器台账信息管理上,还需对缺失的保护器台账信息进行完善。

保护器台账信息的完善除对存量保护器进行一次性完善外,对增量保护器还应根据其安装调试日期做好核对。

存量保护器台账信息的完善可通过设备管理下的保护器查询菜单进行批量查询，并根据系统导出的电子文档筛选台账信息的缺失部分，进入运行管理下的基本参数召测，对缺失部分进行召测并保存。

增量保护器台账信息的核对应作为保护器安装调试流程的补充实施。

（二）保护器动作参数管理

保护器动作参数监测项目主要包括保护器的额定电流、额定剩余电流动作值2类，通过监测可实时掌控保护器动作参数设置情况，对动作参数设置不合理的保护器进行整改，保证保护器的动作参数满足用电负荷及配合原则标准。

保护器动作参数从保护器台账信息中获取，应定期对保护器动作参数进行检查，重点检查总保、中保的动作参数是否满足相关规程规定，上下级保护器的配置是否合理，是否存在越级跳闸或误跳闸风险。

具体核对方法主要有：从设备管理下的保护器台账信息内梳理动作参数超过规定值的保护器清单；从保护器运行管理下的非法调档记录获取非法调整档位的保护器清单；通过批量召测额定电流档位、额定剩余电流动作值档位实时获取保护器额定设定值。

保证保护器动作参数合理设置，应从保护器的安装调试、运行维护及故障抢修各环节掌控，特别是故障抢修环节，应彻底排查故障点，不得擅自扩大剩余电流动作值档位规避跳闸。

三、 保护器异常管理

保护器异常管理主要围绕异常闭环管理和异常分析管理展开。保护器异常闭环管理是保证低压配网异常闭环处置的一项重要管理手段，保护器异常分析则通过保护器异常故障点模块展开，通过异常故障点分析可得出供电所在低压配网运行管理中存在的薄弱点，从而展开弱势整改，不断提升运行管理水平。

（一）保护器异常闭环管理

保护器异常闭环应监测保护器异常处理率和异常及时处理率，两率的监测周期为1天，两率达到100％则说明系统不存在在途异常。

监测发现保护器两率未达到100％，可进入异常处理模块调阅异常未恢复或未处理的保护器清单，未恢复说明保护器异常未恢复；已恢复未处理说明保护器异常已恢复，但具体的异常原因及处理情况未做归档处理。

保证保护器两率，应加强系统监控与现场处理的协同化运作，同时应加强对两率指标的通报及考核，做到异常下达快速响应，异常处理及时有效，异常原因准确闭环。

（二）保护器异常分析管理

异常闭环的主要目标是保证两率指标，而对异常故障点分析的主要目标则是降低异常发生数，关键是降低并规避由于人为原因及管理原因而发生的异常数。

人为原因引起的异常一般有接线错误、非法调档操作、自动调档打开等。应加强保护器现场装接及面板操作方面的培训，同时严把保护器装接验收关。

管理原因引起的异常一般有线路断线、交跨距离不足、负荷过载、线路混接等，应正确及时安装线路设备警示标识，防止发生外力破坏事件；应定期安排线路巡视，及时发现线路通道异常并处理；应严把检修施工工程验收关，防止发生线路混接等不规范标准；应加强现场用电检查及违约用电处置力度，及时发现擅自超容用户并处理。

第三节　保护器检测仪器使用

保护器出现无法投运、频繁跳闸、闭锁等异常和故障的原因很多，但归根结底是线路设备剩余电流超限和保护器本体故障。要把造成这些故障的原因找出来，必须借助专用仪器仪表。漏电钳形电流表、万用表、剩余电流动作保护器特性测试仪等就是适合在台区现场测试、携带方便的专用的仪器仪表。

一、大口径漏电钳形电流表

大口径漏电钳形电流表是专为测试农网配电变压器台区剩余电流而设计的钳形电流表。钳头部分采用特殊合金，利用磁性屏蔽技术，有效避免外界磁场的干扰，确保了测量时的高精度、高稳定性、高可靠性，量程宽度从 0.1mA ～ 1000A，分辨率可精确到 0.1mA，是快速测试剩余电流，快速查找漏电故障点，排除保护器跳闸、闭锁故障的有效工具。

（一）技术参数

大口径漏电钳形电流表的生产厂家众多，各个厂家的型号、技术参数各不相同，典型产品的技术参数如表 4-5 所示。

表 4-5　　　　　　　大口径漏电钳形电流表功能与型式

功能	测试交流剩余电流、工频电流、电压和通断测试
电源	9V 碱性电池，G6F22
测试方式	钳形 TA，积分方式
显示模式	最大显示"1999"
钳口尺寸	最大开口 70cm

表 4-6　　　　　　　　　　大口径漏电钳形电流表的主要技术参数

量程	分辨力	误差等级	备注
200mA	0.1mA	±1.5%＋5dgt	
2A	1mA		
20A	10mA	±2.5%＋5dgt	环境温度 23±5℃ 相对湿度＜75%
200A	100mA		
1000A	1A		
600V	1V	±1.5%＋3dgt	
200Ω	0.1Ω	±1.5%＋5dgt	20Ω 以下发声
采样速度	2～3 次/s		
档位切换	手动方式		
频率	50/60Hz		
数据保持	显示 "H"		
自动关机	约 15min		
溢出显示	超量程显示符号 "1"		
低压指示	电池电压低于 7.2V 显示		
仪表尺寸	25cm×10cm×3.6cm		
仪表重量	大约 750g（含电池附件）		
绝缘强度	AC2kV/min，铁芯与外壳之间		

（二）主要结构

大口径漏电钳形电流表主要由一个电磁式电流表和穿心式电流互感器组成。穿心式电流互感器铁芯制成活动开口，且成钳形，因此称为钳形电流表。穿心式电流互感器的二次绕组缠绕在铁芯上且与交流电流表相连，它的一次绕组即为穿过互感器中心的被测导线。旋钮实际上是一个量程选择开关，扳手的作用是开合穿心式互感器铁芯的可动部分，以便使其钳入被测导线。大口径漏电钳形电流表的基本结构如图 4-20 所示。

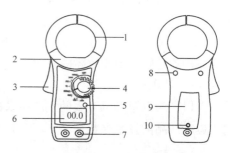

图 4-20　大口径漏电钳形电流表基本结构
1—钳头；2—防护挡板；3—扳机；4—测量功能转换开关；5—数据保持开关；6—LCD 显示屏；7—电压、电阻测量孔；8—机壳连接螺钉；9—电池盖板；10—电池盖螺钉

（三）操作方法

1. 剩余电流测试方法

将量程开关拨向电流最高挡，打开钳口，将补测导线放入钳口就可测量线路电流值。如果钳口只钳入设备的单根保护（接地）线，则仪表显示的电流值就是

设备对地的漏电流值；如果钳口同时钳入单相二线制线路相线和中性线，则仪表显示的电流值就是单相二线制线路或设备的剩余电流值；如果钳口同时钳入三相四线制线路的三根相线和中性线，则仪表显示的电流值就是三相四线制线路或设备的剩余电流值。

钳形电流表剩余电流测试方法如图 4-21 所示。

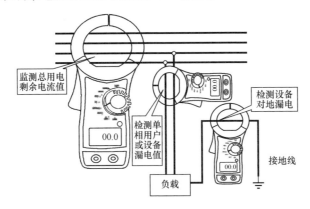

图 4-21　钳形电流表剩余电流测试方法

2. 工频电流测试方法

用钳头夹取单根待测导线，然后缓慢地放开扳机，直到钳头完全闭合，确定待测导线被夹取在钳头的中央。在无法估计线路电流的情况下，应将量程开关拨到最大档位（1000A）。钳形电流表工频电流测试方法如图 4-22 所示。

3. 交流电压测试方法

将量程开关拨向交流 600V 档位（不要测试 600V 以上的电压），将红黑测试笔分别插入大口径漏电钳形电流表上相对应的插孔中，再将测试笔分别接触被测线路，如图 4-23 所示。

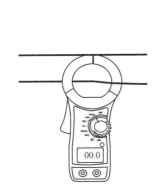

图 4-22　钳形电流表工频电流测试方法

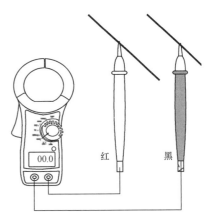

图 4-23　钳形电流表交流电压测试方法

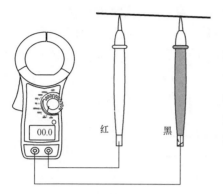

图 4-24　电阻测试方法

4. 电阻测试方法

将量程开关拨向 200Ω 档位，将红黑测试笔分别插入相对应的插孔中，连接测试品。测试导线电阻值小于 20Ω 时，蜂鸣器发出声音。禁止用电阻挡测试电压，以免烧毁。钳形电流表电阻测试方法如图 4-24 所示。

（四）电池更换

（1）当电池电压低于 7.2V 时，仪表显示电池电压低符号，应更换电池。

（2）松开固定电池盖板的一枚螺钉，打开电池盖板，换上全新合格的电池，再盖好电池盖板并拧紧螺钉。

（五）注意事项

（1）钳形电流表不得测高压线路的电流，被测线路的电压不得超过钳形电流表所规定的额定电压，只限于被测电路的电压不超过 600V，以防绝缘击穿和人身触电。

（2）测量前应估计被测电流的大小，选择合适的量程，不可用小量程挡测大电流。在测量过程中不得切换量程挡，以免产生高压伤人和损坏设备，钳形电流表是利用电流互感器的原理制成的，电流互感器不准二次侧开路。

（3）测量时应将被测导线钳入钳口中央位置，以提高测量的准确度；测量结束应将量程开关扳到最大量程位置，以便下次安全使用。

（4）测量时应注意相对带电部分的安全距离，以免发生触电事故。

（5）测量时应注意钳口夹紧，防止钳口不紧造成读数不准。

（6）保持钳口清洁，定期保养，禁止猛烈冲击钳头。

（7）禁止在高温潮湿、有结露的场所及日光照射下长时间放置和存放仪表。

（8）注意仪表手册上的危险标志 ⚠/⚡，使用者必须依照指示进行安全操作。

二、　剩余电流动作保护器特性测试仪

剩余电流动作保护器特性测试仪是用于测量保护器的动作电流、动作时间和极限不驱动时间等特性参数的专门仪器。目前生产剩余电流动作保护器特性测试仪的厂家较多，产品型号、性能、显示方式各不相同，但其基本原理与接线方式基本一致，下面以 HLC2 剩余电流动作保护器特性测试仪为例进行简单介绍。

（一）基本结构

HLC2 剩余电流动作保护器特性测试仪的盘面布置如图 4-25 所示。

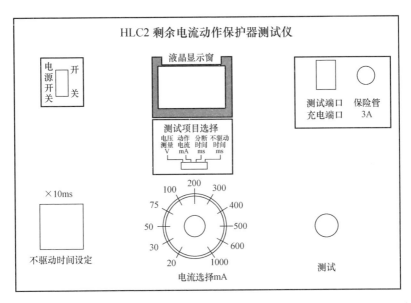

图 4-25　HLC2 剩余电流动作保护器特性测试仪的盘面布置

（二）现场接线方法

1. 测试一体式保护器动作特性接线

使用 HLC2 剩余电流动作保护器特性测试仪测试一体式保护器动作特性参数时的接线方法如图 4-26 所示。

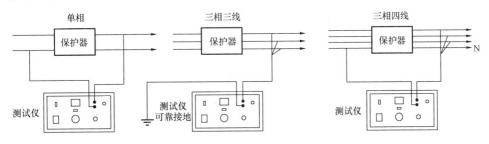

图 4-26　测试一体式保护器特性的接线方法

2. 测试分体式保护器动作特性接线

使用 HLC2 剩余电流动作保护器特性测试仪测试分体式保护器动作特性参数时的接线方法如图 4-27 所示。

接线时应注意：应将中性线接于保护器的电源端，相线接于保护器的出线端。否则，当保护器动作断开电路后，测试仪仍然带电，保护仍然计时，无法正确测试动作电流、动作时间和极限不驱动时间。

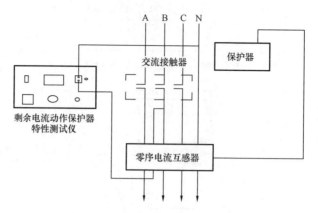

图 4-27　测试分体式保护器特性的接线方法

（三）特性参数测试方法

1. 测试保护器的动作电流

（1）把测试仪的测试项目开关拨到"动作电流"挡。

（2）按照保护器设定的额定剩余电流动作值档位，旋转"电流选择"开关，选择相应的电流值。

（3）合上被测保护器开关，将测试仪的电源开关拨到"开"挡，此时测试仪显示屏开始显示"动作电流×××mA"。按下测试按钮，此时电流就会自动增加，直至保护器跳闸，此时测试仪显示屏上显示的电流即为保护器设定的额定剩余电流动作值档位下对应的实际动作电流值，数值会自动保存。例如，设定为100mA，则测试仪上电流从 75mA 一直加到保护器跳闸为止，如果保护器不跳闸则电流升高到 100mA，2s 后程序自动停止。

（4）检测完，测试线及时脱离交流电路，关闭电源开关。

2. 测试保护器的分断时间

（1）把测试仪的测试项目开关拨到"分断时间"挡。

（2）按照保护器设置的额定剩余电流动作值档位，旋转"电流选择"开关，选择相应的额定动作电流值。

（3）合上被测保护器开关，将测试仪的电源开关拨到"开"挡，此时显示屏开始显示"剩余电流×××mA 分断时间 ×××ms"。

（4）按下测试按钮，此时显示屏上显示的即为分断时间值，数值会自动保存。此时的显示屏上显示此保护器在所设定的剩余电流下的实际分断时间。

（5）检测完，测试线及时脱离交流电路，关闭电源开关。

3. 测试保护器的极限不驱动时间

带延时功能的保护器应有一个极限不驱动时间。

（1）把测试仪的测试项目开关拨到"不驱动时间"挡。

（2）按照保护器设定的额定剩余电流动作值档位，旋转"电流选择"开关，选择相应的额定动作电流值的 2 倍值，然后按照保护器铭牌标示的极限不驱动时间选择相应的极限不驱动时间。

（3）合上被测保护器开关，将测试仪电源开关拨到"开"挡，此时显示屏开始显示"选择电流×××mA 极限不驱动时间 0ms"。

（4）按下测试按钮，此时显示屏上显示"选择电流×××mA 极限不驱动时间×××ms"。若所测保护器没有跳闸，则所测保护器极限不驱动时间大于所显示的×××ms，表明保护器极限不驱动时间正确，数值会自动保存。

（5）检测完，测试线及时脱离交流电路，关闭电源开关。

三、 测电笔和万用表在检测漏电故障中的应用

室内照明线路（设备）的漏电故障，可采用测电笔和万用表等最简单的工具进行测试判别。

室内照明线路漏电的主要原因有：①导线或电气设备的绝缘受到外力损伤；②线路经长期运行，导致绝缘老化变质；③线路受潮气侵袭或被污染，造成绝缘不良。

室内漏电故障检修的基本方法和步骤如下：

（1）漏电故障的判断。检查室照明线路或设备漏电故障，首先应正确判断是否确实存在漏电现象。在断开电源的情况下，可用指针式万用表的"R×10k"挡测量相线和中性线的电阻值。如果指针趋于零（或产生偏转），则说明线路有短路（或漏电）现象。也可取下所有负荷（包括灯泡），将万用表置于交流电流挡，并串联在总开关上，接通全部开关。若万用表显示有电流，则说明存在漏电现象。

（2）相线与中性线漏电故障检查判断。有时相线与中性线间漏电，有时相线与大地间漏电，有时二者兼而有之。

检查方法是切断中性线，若电流表指示不变，则是相线与大地漏电；若电流表指示为零，则是相线与中性线间漏电；若电流表指示变小但不为零，则是相线与中性线、相线与大地间均漏电。

（3）确定漏电范围。逐段检查干线和各分支线路，必要时切断某一线路，测量两线的电阻，确定故障所在位置。取下分路熔断器或拉开断路器，若电流表指示不变，则是总线漏电；若电流表指示为零，则是分路漏电；若电流表指示变小但不为零，则是总线、分路均有漏电。

（4）找出漏电点。经上述检查，再依次断开该线路灯具的开关。当断开某一开关时，电流表指示返零，则该分支线漏电；若变小，则说明这一分支线漏电外，还有别处漏电；若所有灯具开关断开后，电流表指示不变，则说明该段干线漏电。依次把事故范围缩小，便可进一步检查该段线路的接头及导线穿墙处等地

点是否漏电。找到漏电点后，应及时消除漏电故障。

第四节　保护器异常处理

本节主要围绕保护器异常分析研判和现场异常处理两部分展开，力求通过系统监测实现异常精准研判，故障点得到准确闭环处置，确保低压配网安全运行可控在控。

一、保护器异常分析研判

（1）频繁动作分析研判。频繁动作指24h内发生3次及以上跳闸事件（剩余电流、缺零、过负荷、短路、互感器故障）。产生频繁动作异常后，根据告警事件类别进行故障分析研判。

（2）剩余电流分析研判。剩余电流指流过保护器主回路电流瞬时值的矢量和超过额定剩余动作电流设定值而发生动作。首先应确认跳闸前剩余电流值是否在规定档位值的不动作值内，其次可通过保护器跳闸记录和曲线数据开展分析。

保护器剩余电流跳闸按跳闸前剩余电流值分析一般有如下情况：一是临界点跳闸，指多属缓变漏电，一般为多个细小的漏电点或是某个漏电点的漏电电流逐步增加导致；二是大电流跳闸，一般为线路设备或单户户保退运的用户存在较大的单相接地大漏电电流导致。

保护器剩余电流跳闸按环境因素分析一般有如下情况：一是在环境湿度较高的情况下跳闸，可能是非绝缘线路通道不畅、绝缘线路存在绝缘破损或用户侧绝缘破损和潮湿墙体触碰发生漏电；二是特定时间下跳闸，如白天泄漏电流正常，晚上泄漏电流上升明显可能为路灯串线或漏电。

（3）缺零分析研判。缺零指线路总中性线断线故障。缺零根据中性线电流值判断，若三相负荷达到完全平衡或三相负荷同时停止使用，也会发生缺零告警。首先应通过保护器曲线数据查询三相负荷是否达到完全平衡或是否同时停止使用；其次根据异常分析情况落实负荷的调整、分配或断零处理。

（4）过载分析研判。过载指线路某相负荷电流值超过保护器设定值造成保护器跳闸。首先应查询保护器跳闸前负荷电流值是否满足在保护器额定电流档位内，确认保护器档位设定是否满足线路正常负荷电流值标准；其次查询保护器曲线数据，观察其三相负荷电流值和持续时间，判别保护器三相负荷是否均衡、过载前后负荷波动情况。保护器动作参数设置错误应立即调整，三相负荷不均衡应落实负荷调平。过载前后负荷波动较大，一般存在超容违约用电情况，应落实用电检查。

（5）短路分析研判。短路指相线与相线、相线与中性线短路引起的故障。发现短路故障后，应立即落实现场排查，故障处理完成后方可试送保护器。

（6）互感器故障分析研判。互感器故障指保护器内部零序互感器发生故障或与保护器断开连接。该故障一般集中在分体式保护器。

（7）保护器拒动分析研判。保护器拒动指剩余电流值超过系统内保护器的额定剩余电流动作档位值，保护器未发生动作而上报的异常。产生保护器拒动异常，首先应召测保护器额定剩余电流动作档位的现场值是否与系统值保持一致，若现场值大于系统值，则应落实现场调整并排查故障；若现场值等于系统值，则应落实现场检查保护器。

（8）保护器闭锁分析研判。保护器闭锁指当保护器跳闸第一次自动重合闸失败后闭锁。发生保护器闭锁必然是一个持续性的剩余电流故障，应立即落实现场排查闭环。

（9）剩余电流报警分析研判。剩余电流报警指保护器开启告警功能（保护器手工退运）。剩余电流报警一般是手工退运，此时应观察保护器退运后的曲线数据，如剩余电流曲线值正常，则说明瞬时性漏电；如剩余电流曲线值持续偏高，则应立即落实现场排查闭环。

（10）保护器误跳分析研判。保护器误跳指剩余电流值低于系统内保护器额定剩余电流动作档位值的 50%，保护器发生动作而上报的异常。保护器误跳的判别方式同拒动。

（11）保护器无通信分析研判。保护器无通信指保护器无法与系统正常通信，具体表现为系统中该台保护器持续 24h 无曲线数据和统计数据。发生保护器无通信异常，应查询保护器曲线数据是否缺失、采集任务投运是否成功，如投运成功则应落实现场检查。

二、保护器现场异常处理

（一）保护器本体检查

（1）保护器在通信完好和曲线数据完整情况下未上报告警异常，可使用剩余电流动作特性测试仪给予剩余电流动作或按试跳按钮测试，若保护器未上报告警异常，则说明保护器存在程序故障。

（2）保护器在动作参数正确设置情况下产生拒动或误跳异常，应检查自动调挡是否打开，若未打开，则应检查保护器零序互感器的精度，若发现较大的偏差，则说明保护器的测量精度存在问题。

（3）保护器在任务投运成功状态下产生无通信异常，应检查保护器和智能公变终端的通信端口是否损坏、RS-485 接线侧是否错误、公网通信网是否未覆盖或网络信号弱。

（4）保护器产生互感器故障告警，应检查现场分体式保护器的互感器连接线是否松动，互感器是否发生故障。

（5）保护器监测系统召测到保护器动作参数设置错误，应检查保护器动作参数设置是否与系统召测相符，并按规定设置。

（6）保护器产生剩余电流、过负荷跳闸告警，应检查保护器零序互感器、电流互感器的精度，若发现较大偏差，则说明保护器的测量精度存在问题。

（二）低压线路设备检查

（1）保护器产生剩余电流告警或闭锁异常，应检查线路侧是否存在线路断线、交跨距离不足、绝缘磨损、线路混接等情况。

（2）保护器产生缺零告警，应检查线路侧是否存在线路中性线断线情况。

（3）保护器产生短路告警，应检查线路侧是否存在线路断线、交跨距离不足、线路混接情况。

（三）低压用户侧户保检查

（1）保护器产生剩余电流告警或闭锁异常，应检查用户侧是否存在家保未装、未投、故障或违规使用情况。

（2）保护器产生过负荷告警，应检查三相负荷分配情况是否合理，是否存在超负荷用电。

表 4-7　　　　　　　　　　　保护器跳闸情况分类

异常类型	故障点	设备状况	异常原因
频繁动作	用户侧	户保未装	电气设备
			用户线路
		户保未投	电气设备
			用户线路
		户保故障	电气设备
			用户线路
		违规使用户保	电气设备
			用户线路
	线路侧		线路断线
			交跨距离不足
			绝缘磨损
			线路混接
			负荷过载
	保护器侧	保护器故障	不能正确动作
			误报信息（误报跳闸事件）
			自动调档功能未关闭
	其他	其他	
保护器拒动	保护器侧	不能正确动作	
		误报信息（误报动作档位）	
		自动调档打开	
		非法调档操作	
		失电后档位自动变化	

154

异常类型	故障点	设备状况	异常原因
保护器闭锁	用户侧	户保未装	电气设备
			用户线路
		户保未投	电气设备
			用户线路
		户保故障	电气设备
			用户线路
		违规使用户保	电气设备
			用户线路
	线路侧		线路断线
			交跨距离不足
			绝缘磨损
			线路混接
			负荷过载
	保护器侧	保护器故障	不能正确动作
			误报信息
	其他	其他	
剩余电流报警	用户侧	户保未装	电气设备
			用户线路
		户保未投	电气设备
			用户线路
		户保故障	电气设备
			用户线路
		违规使用户保	电气设备
			用户线路
	线路侧		线路断线
			交跨距离不足
			绝缘磨损
			线路混接
	保护器侧	保护器故障	不能正确动作
			误报信息（待定）
保护器误动	保护器侧	不能正确动作	
		误报信息（误报动作档位）	
		自动调档打开	
		失电后档位自动变化	
		非法调档操作	

异常类型	故障点	设备状况	异常原因
保护器无通信	保护器侧	通信端口损坏	
	智能公变终端侧	通信端口损坏	
	RS-485接线侧	接线错误	
	公网通信网	未覆盖	
		网络信号弱	

第五节 保护器质量监督管理

剩余电流动作保护器质量在线管控应坚持"质量至上、尊重事实、依法办事、公正透明"的方针，遵循"标准统一、内容完整、流程规范、方法一致"的原则。质量在线管控是指对剩余电流动作保护器的全寿命周期质量管控，包括监督管理，招标前、供货后、运行中的质量监督，以及供应商绩效评价等工作。

一、 监督管理

保护器质量监督管理是一项综合性的专业工作，涉及产品招标采购、检测、运维、故障鉴定、供应商评价和技术培训等工作。相关工作有：

（1）组织相关部门向基层单位提供检测设备配置、检测技术规范、疑难问题分析等方面的技术支持与指导，以及开展保护器应用管理等相关技术培训。

（2）组织对保护器运维过程中的技术指导，以及保护器接入设备（智能配变终端）的质量监督管理工作。

（3）招标前开展对保护器供应商的资格审查和参加投标产品的质量监督；监督供货合同签订与实施，协调处理合同履约过程中遇到的重大问题等。

（4）开展对保护器供应商绩效评价和供应商不良行为处理，以及相关情况通报。

（5）开展保护器到货后的运行质量抽检、故障鉴定等工作；在剩余电流动作保护器监测系统中记录保护器质量监督数据，按招标批次向上级部门（单位）上报质量监督信息的统计分析结果。

二、 招标前质量监督

剩余电流动作保护器招标前的质量监督应包括招标前全性能试验、样品留样、样品资料制作等工作，工作流程见图4-28。

相关要求如下：

（1）全性能试验每种应标产品型号，送检样品均为盲样且数量不少于3只，

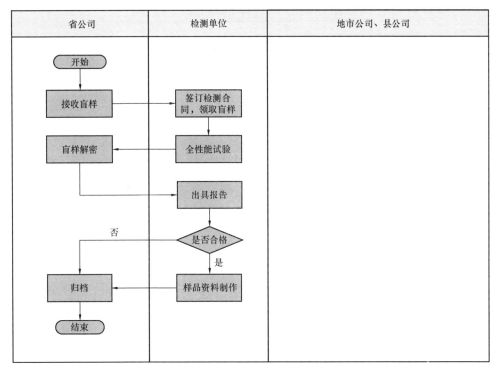

省公司	检测单位	地市公司、县公司

图 4-28 招标前质量监督工作流程

按照 Q/GDW 11196—2014《剩余电流动作保护器选型技术原则和检测技术规范》的要求实施，试验内容包括型式试验项目和功能试验项目。

（2）每个供应商送检合格的保护器样品每次留样 1 只，制作样品资料光盘存档，内容包括样品外观、型式以及内部结构、工艺、线路板设计、主要元器件等信息。

表 4-8 保护器招标前全性能试验项目

序号	试验项目	试验类型	试验要求		
			断路器型	继电器型一体式	继电器型分体式
1	验证剩余电流动作特性	型式试验	√	√	√
2	验证介电性能	型式试验	√	√	√
3	验证脱扣极限和特性	型式试验	√	√	√
4	验证温升	型式试验	√	√	√
5	验证操作性能能力	型式试验	√	√	√
6	验证过载脱扣器	型式试验	√	●	√
7	验证额定运行短路分断能力	型式试验	√	●	—

序号	试验项目		试验类型	试验要求		
				断路器型	继电器型一体式	继电器型分体式
8	验证剩余短路接通和分断能力		型式试验	√	√	√
9	验证电磁兼容		型式试验	√	√	√
10	验证在额定电压极限值下操作试验装置的动作		型式试验	√	√	√
11	验证在过流条件下的不动作电流的极限值		型式试验	√	√	√
12	验证由于冲击电压引起的浪涌电流的CBR抗误脱扣的性能		型式试验	√	√	√
13	验证在接地故障电流包含直流分量的CBR的工作状况		型式试验			
14	环境试验	高温试验	型式试验	√	√	√
		低温试验	型式试验	√	√	√
		交变湿热试验	型式试验	√	√	√
		严酷气候条件下的试验	特殊试验	●	●	●
15	防护等级试验		型式试验	√	√	√
16	验证与通信规约一致性的短路保护功能		功能试验	√	√	√
17	验证与通信规约一致性的过负荷保护功能		功能试验	√	√	√
18	显示、监测、记录剩余电流		功能试验	√	√	√
19	自动重合闸		功能试验	√	√	√
20	防雷		功能试验	√	√	√
21	通信		功能试验	√	√	√
22	远方操作		功能试验	√	√	√
23	额定剩余电流动作值调节		功能试验	√	√	√
24	验证与通信规约一致性的断零、缺相保护功能		功能试验	●	●	●
25	验证与通信规约一致性的过压、欠压保护功能		功能试验	●	●	√
26	显示、监测、记录负荷电流		功能试验	●	●	●
27	告警		功能试验	√	√	√

注 "√"表示必做项目，"●"选做项目。防雷功能试验：对有配置防雷模块或增加防雷措施的做试验。

三、供货后质量监督

到货后质量监督包括样品比对、抽检试验和现场交接试验等工作，工作流程见图4-29。

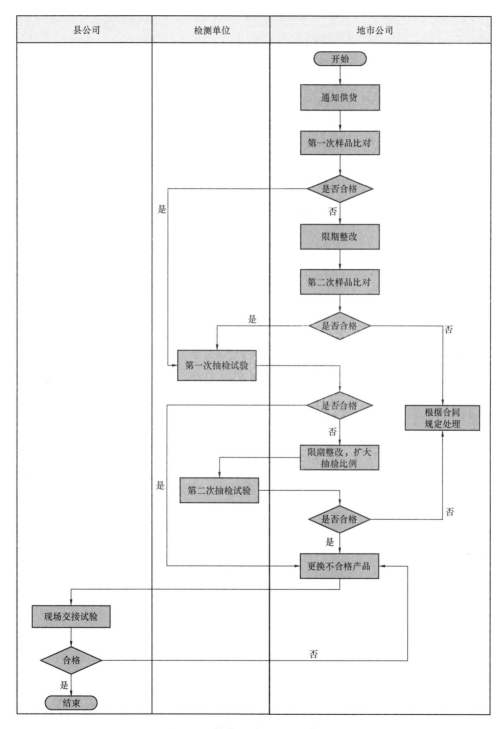

县公司	检测单位	地市公司

图 4-29 供货后质量监督工作流程

159

相关要求如下：

（1）样品比对内容包括样品外观、型式以及内部结构、工艺、线路板设计、主要元器件等；样品比对出现未经书面确认的不一致，即判定中标批次不合格，限期整改，若整改延期或仍有不一致，按合同规定进行相应处理。

（2）抽检试验项目按照 Q/GDW 11196—2014《剩余电流动作保护器选型技术原则和检测技术规范》执行。抽检比例宜为招标批次总数的 0.1%，最小抽检数量不低于 5 只。抽检试验必做项目中有一项不合格或选做项目中有一项经一次限期整改仍不合格即判定为此样品不合格。如产品质量性能稳定且一次抽检合格率在 95% 及以上，判定该批次合格，并更换不合格产品；当一次抽检合格率降低到 95% 以下时应及时将抽检比例提高到 0.3%，最小抽检数量不低于 15 只，如抽检合格率仍未达到 95%，则判定该批次不合格，限期整改，整改延期或整改后再次试验仍不合格，按合同规定进行相应处理。

表 4-9　　　　　　　　　　保护器到货后抽检试验项目

序号	试验项目		试验类型	试验要求
1	验证介电性能		型式试验	✓
2	验证剩余电流动作特性		型式试验	✓
3	验证过载脱扣器		型式试验	●
4	验证温升		型式试验	●
5	验证剩余短路接通和分断能力		型式试验	●
6	验证电磁兼容		型式试验	✓
7	验证在额定电压极限值下操作试验装置的动作		型式试验	✓
8	验证在过流条件下的不动作电流的极限值		型式试验	✓
9	验证由于冲击电压引起的浪涌电流的 CBR 抗误脱扣的性能		型式试验	✓
10	验证接地故障电流包含直流分量的 CBR 的工作状况		型式试验	●
11	环境试验	高温试验	型式试验	✓
		低温试验	型式试验	✓
		交变湿热试验	型式试验	✓
		严酷气候条件下的试验	特殊试验	●
12	初始技术参数检查		功能试验	✓
13	验证与通信规约一致性的短路保护功能		功能试验	✓
14	验证与通信规约一致性的过负荷保护功能		功能试验	✓
15	显示、监测、记录剩余电流		功能试验	✓
16	自动重合闸		功能试验	✓
17	防雷		功能试验	✓
18	通信		功能试验	✓

序号	试验项目	试验类型	试验要求
19	远方操作	功能试验	✓
20	额定剩余电流动作值调节	功能试验	✓
21	验证与通信规约一致性的断零、缺相保护功能	功能试验	●
22	验证与通信规约一致性的过压、欠压保护功能	功能试验	●
23	显示、监测、记录负荷电流	功能试验	●
24	告警	功能试验	✓

注 "✓"表示必做项目，"●"表示选做项目。防雷功能试验：对有配置防雷模块或增加防雷措施的做试验。

（3）现场交接试验按照 Q/GDW 11196—2014《剩余电流动作保护器选型技术原则和检测技术规范》执行，交接试验必做项目中有不合格的产品进行更换处理。

表 4-10　　　　　　　　　保护器现场交接试验项目

序号	试验项目	试验类型	试验要求	备　注
1	资料和外观检查	交接试验	✓	检查与核实内容：外观、图纸与说明书；所有螺栓及接线的紧固情况等
2	验证工频耐压	交接试验	●	需拆除线路板或仅做外壳、断口
3	测量绝缘电阻	交接试验	✓	
4	机械操作试验	交接试验	✓	
5	功能检查	交接试验	✓	根据试验装置的功能确定试验项目
6	初始技术参数检查	交接试验	✓	

注 "✓"表示必做项目，"●"表示选做项目。

四、 运行中质量监督

运行中质量监督包括定期现场试验及故障剩余电流动作保护器的质量跟踪与监督处理，工作流程见图 4-30。剩余电流动作保护器运行后应按照相关标准的规定，定期进行动作特性试验，并把结果录入剩余电流动作保护器在线监测系统。

相关要求如下：

（1）剩余电流动作保护器在线监测系统每天 24 小时对剩余电流动作保护器运行进行质量监督，对发现疑似故障的剩余电流动作保护器进行检测、分析或鉴定，并及时处理发生故障的剩余电流动作保护器。根据剩余电流动作保护器故障的性质、类别，判定相应到货批次剩余电流动作保护器的质量，并据此在局部范围或更大范围内采取相应的质量控制措施。

省公司	检测单位	地市公司、县公司

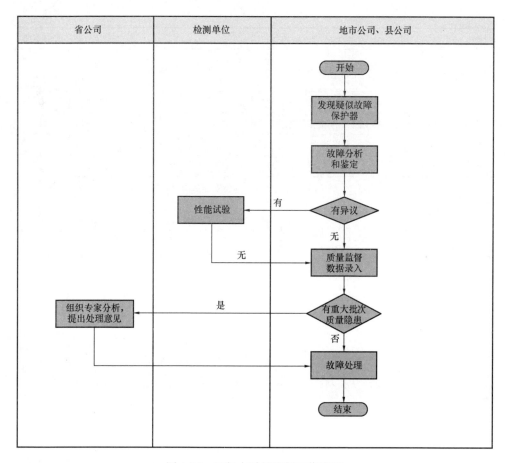

图 4-30 运行中质量监督工作流程

（2）剩余电流动作保护器故障分析和鉴定工作由使用单位与供应商共同开展。合同双方对故障分析和鉴定存在异议的，抽取样品提交检测单位进行检测，检测结果为最终分析鉴定结论。使用单位做好剩余电流动作保护器质量监督数据的录入工作。

五、 监督和评价

保护器质量监督和评价工作涵盖招标前、到货后、投入运行直至报废的全过程、全寿命周期各个环节，以及对产品全寿命周期质量情况和供应商售后服务（含履约）水平等方面进行评价。相应的工作有：

（1）应严格执行招标技术规范书，使用单位和供应商不得更改或降低招标技术规范书规定的型式和功能要求。

（2）应严谨、规范地开展样品比对以及各项检测工作。现场检验单位不得改变样品比对的内容，不得更改、增加或减少试验的内容和项目，保证样品比对、

162

试验的一致性、科学性和公正性。

（3）保护器投入运行后，运行单位应将监测系统和现场运行维护发现的异常情况进行分类统计。

（4）保护器验收、运行过程中出现重大质量问题或批量质量事故，运行单位应先行上报上级部门（单位），经地市公司核实、分析后上报省公司。上报内容至少应包括该批次保护器供应商、类型、数量、不合格原因及应对措施等。

（5）不合格及报废的保护器拆回后，由运行单位提出意见，移交物资部门按规定程序处置。

（6）保护器检测应由国家认定的有资质的单位或机构进行检测。保护器招标合同约定的检测单位为双方认可的技术仲裁单位。

（7）使用单位纪检监察、法律等监督部门在供应商评价、保护器质量监督环节应履行相应的监督、法律保障职责。

第五章

典 型 案 例

本章列举了保护器异常处理的典型案例，通过描述保护器出现的异常、故障查找与判断、应对处理过程，为工作人员在保护器的应用与管理工作中提供指导性意见。

第一节　负荷过载户保未装引起的停电投诉

一、投诉工单基本情况

2014 年 9 月 12 日 19 时 21 分，用户反映此处经常停电，近一两个月已经停电十几次了，严重影响到居民生活，客户处现在无电。经 95598 工单故障报修查询，2014 年 7 月份，10 日 1 次；8 月份，23 日 1 次；9 月份，5 日 1 次、12 日 1 次。反映当日停电原因是部分用户自行拆除漏电保安器，用户因建房表计后临时用电出线的中性线漏电，导致总保跳闸，工单填报的停电类型为总保跳闸，具体原因为用户侧漏电，户保未装。

二、台区基本情况

投诉人反映地段由某供电服务站烈桥 1 号公用变压器供电，投诉时该配电变压器容量 315kVA，采用 TT 接地方式，二路接总保低压出线，总保为一体式，额定电流为 250A，台区用户数 187 户。该台区已列入 2013 年改造计划，由于政策处理村民未较好配合，至投诉时仍未能完工。核查时，新配电房已建好，相应供电设施还未到位。

三、现场核查结论和情况

（一）核查结论

通过现场对配电变压器台区、用户设施的查看，并核对相关信息系统，发现该台区出线停电原因实际为低压线路过负荷造成低压总开跳闸停电，故工单的停电类型、原因均与实际不符。

（二）现场及系统核查情况

（1）检查烈桥1号公用变压器台区总保。发现烈桥1号公用变压器总保（条形代码333002500000000002935005）的负荷电流监测互感器的插头被拔掉（见图5-1），致使该保护器现场跳闸情况不能在系统中反映。在现场操作该保护器查询功能，发现该保护器内有52次动作记录，证实该保护器动作较频繁。

图 5-1　现场总保互感器插头

（2）查核该总保跳闸原因。现场向剩余电流动作保护器监测系统后台查询该线路总保2014年7月1日～9月12日期间漏电跳闸情况，系统中无因漏电跳闸的记录。再查询智能公变监测系统2014年7月10日、8月23日、9月5日和9月12日该线路当天最大负荷电流情况，分别为378A、382A、385A和324A（均超过了250A总保的容量）。其中9月12日负荷情况如图5-2所示，证实该保

图 5-2　2014年9月12日负荷情况

护器发生过多次过负荷跳闸情况，属正确动作。

（3）查看配电变压器情况（见图5-3），发现渗油严重，油渍在配电变压器表面、地面均可看见，说明该配电变压器存在超、过负荷情况。

图 5-3　现场配电变压器情况

（4）现场查看投诉用户的户保仍处于退运状态，如图5-4所示。

图 5-4　户保退运状态情况

四、原因分析

（1）受政策处理影响，致使公用变压器台区改造滞后，造成低压供电线路过载，不能满足当地用电需求。

（2）对智能总保运行管理不到位，现场总保电流监测探头被拔掉，未规范设置总保的监测告警功能，影响开展主动运维和服务工作。

（3）配电变压器渗油未能及时处理，运维消缺工作不到位。

第二节　负荷过载户保配置不当引起的停电

一、投诉工单基本情况

2014 年 3 月 18 日，某供电所接到 95598 反馈，客户吴先生反映两个月来频繁停电，其中最近 4 天已经停了 15 次左右，影响正常生活，要求彻底处理。3月 18 日，供电所工作人员到钦堂乡大溪边村进行检查处理，经查发现该台区下用户（挖沙厂）的用电设备漏电，因该用户自行安装的户保容量过大和整定值设置不合理，引起总保越级跳闸，工单填报的停电类型为总保跳闸，具体原因为用户侧漏电，家保未投。

二、台区基本情况

投诉人反映地段由供电所某台区下埠新村主线供电，该台区配电变压器为S11 型变压器，容量为 160kVA。该台区采用 TT 接地方式，共 3 条出线（其中一条为备用），均安装智能总保，两条投运出线上安装的保护器为分体式，配套交流接触器型号为 CJ20-160A，额定电流为 160A，投诉期间均处正常运行状态。总保安装情况如图 5-5 所示。

图 5-5　总保安装情况

三、现场核查结论和情况

（一）核查结论

通过实地查看，并核对相关信息系统，用户反映停电情况基本属实，该台区出线停电原因实际是由线路中一用户超负荷用电引起，造成低压线路过载与故障抢修停电，最终引发投诉工单。期间智能总保对线路过载及时、正确动作，避免了对低压线路和配电变压器的危害。工单反馈的停电类型、原因均与实际不符。

（二）现场及系统核查情况

（1）该挖沙厂确实有多台挖沙机，安装的末级保护器额定电流为200A，大于智能总保的额定工作电流160A，挖沙厂现场和末级保护器情况如图5-6所示。

(a)　　　　　　　　　　　　　　　　(b)

图5-6　挖沙厂现场和末级保护器情况

(a) 挖沙厂现场；(b) 末级保护器情况

（2）通过剩余电流动作保护器监测系统查询了1月18日～3月18日该保护器的所有告警事件，在这两个月该保护器共发生跳闸事件10次，其中8次为过载跳闸并闭锁重合闸，2次为更换低压熔断器熔丝人为停电，无因剩余电流跳闸事件，跳闸事件清单如表5-1所示。

表5-1　　　　　　　　　　　　跳闸事件清单

序号	跳闸发生时间	跳闸原因
1	2014-03-10 10：56：57	A相过载跳闸并闭锁重合闸
2	2014-03-16 10：22：38	A相过载跳闸并闭锁重合闸
3	2014-03-16 12：47：35	A相过载跳闸并闭锁重合闸
4	2014-03-16 16：07：52	A相过载跳闸并闭锁重合闸
5	2014-03-18 10：27：37	A相过载跳闸并闭锁重合闸
6	2014-03-18 10：46：19	更换低压熔断器熔丝人为停电
7	2014-03-18 10：50：29	A相过载跳闸并闭锁重合闸
8	2014-03-18 12：15：26	A相过载跳闸并闭锁重合闸
9	2014-03-18 12：41：19	更换低压熔断器熔丝人为停电
10	2014-03-18 12：42：56	A相过载跳闸并闭锁重合闸

（3）查询保护器监测系统，3月18日当天该保护器的负荷曲线如图5-7所示，证实与总保过载跳闸事件吻合。

图 5-7　2014 年 3 月 18 日保护器的负荷曲线

（4）查询保护器监测系统当天该总保的剩余电流均处于正常范围，如图 5-8 所示，与总保因过载跳闸事件相吻合。

图 5-8　保护器剩余电流曲线

四、原因分析

（1）虽由用户超负荷用电和用电设施不规范引起停电投诉，但暴露出基层单位日常用电检查工作不够完善。

（2）基层单位没有较好地运用和依靠剩余电流动作保护器监测系统实时数据的优势开展故障排查和进行故障分析。

（3）基层站所相关人员应用现有生产、营销等信息系统的能力有待提高。

第三节　线路断线引起的频繁跳闸

一、问题描述

××年××月××日××时××分，××单位××供电所××台区××总保产生闭锁异常，通过监测系统告警明细查询，该总保产生 1 条剩余电流告警，1 条闭锁告警，剩余电流值达到 1720mA，剩余电流和闭锁间隔 1min。通过监测系统总保曲线数据查询，跳闸前节点的剩余电流是正常的 25mA。通过剩余电流值前后比对并伴随闭锁告警，可判断该漏电是一种突发性和持续性的。通过跳闸时间分析，该时段处于正常上班时间，普通居民漏电的可能性较小，线路故障或非居用户漏电的可能性较大。

二、处理过程

抢修人员根据监控人员分析研判内容对线路优先展开排查，经检查发现××台区××线断落在地面，主要断线原因为××施工开挖，工作人员在开挖过程中未注意到上方线路，将铲斗提升过高拉断低压线路，造成总保剩余电流瞬时突增跳闸，由于线路断落在地面，造成持续性漏电，总保自动重合闸失败后闭锁。××时××分，现场抢修完成后，总保恢复合闸，线路剩余电流值恢复 25min。断线现场如图 5-9 所示。

图 5-9　断线现场

第四节　交跨距离不足引起的频繁跳闸

一、问题描述

　　××年××月××日××时××分，××单位××供电所××台区××总保产生频繁动作异常，通过监测系统告警明细查询，该总保共产生 5 条剩余电流告警，未产生闭锁告警，剩余电流告警间隔 5～10min，剩余电流值均在 1500mA 左右。通过监测系统总保曲线数据查询，15min 节点的剩余电流值均在 15～20mA，可判断该漏电是一种突发性和间歇性的，基本可剔除线路断线问题。此类问题一般有两种可能性，线路侧可能为异物触碰，用户侧可能为失电后手工复位的设备。

二、处理过程

　　抢修人员根据监控人员分析研判内容分工对线路侧和用户侧展开排查，抢修人员到达现场后发现该台区为低压大修台区，新线路已架设完成，但由于新接户线还未安装，其电源还是由老线路供电，其中新线路××杆的拉线（绝缘子下端）与老线路距离较近，由于当天风力较大，导致老线路在最大风偏下触碰到新线路拉线（见图 5-10），造成单相接地跳闸，由于线路摇摆未造成持续性触碰，因此总保跳闸后能够自动重合闸成功。××时××分，抢修人员对新线路拉线安装绝缘套管后，总保恢复合闸，线路剩余电流值恢复 20mA。

图 5-10　故障现场

第五节　线路绝缘损坏引起的漏电跳闸

一、问题描述

　　××年××月××日××时××分，××单位××供电所××台区××总保产生频繁动作异常，通过监测系统告警明细查询，该总保已产生 12 条剩余电流告警，剩余电流告警间隔在 1～2min，剩余电流值均在 290mA 左右，经分析该漏电属缓步上升型，由于剩余电流缓步上升，导致总保自动重合闸后未立即达到闭锁条件，造成连续漏电故障。一般此类异常由于线路设备绝缘磨损或用户侧含交流接触器等延迟性复电设备的可能性较大。

二、处理过程

　　抢修人员根据监控人员分析研判内容对线路和用户侧展开排查，发现有一处电杆上集束线绝缘损坏，部分已裸露在空气中，同时楔形线夹表面有铁锈，发现漏电疑点，为更好地发现、排除故障，工作人员登杆再次进行检查。检查证实刚才判断，楔形线夹金属部分生锈，掉落到线夹表面，在雨水的作用下，发生漏电（见图 5-11）。现场工作人员用钳形电流表对漏电电流进行测量，测量结果发现漏电值约为 360mA（见图 5-12）。结合系统中的数据，判断是由于下雨天，集束线绝缘破损，同时楔形线夹表面有铁锈残留，在雨水的作用下，电流由裸露导线经楔形线夹、抱箍、潮湿的电杆等流到大地，发生漏电跳闸。

图 5-11　问题描述

图 5-12　实测描述

第六节　三相剩余电流不平衡引起总保跳闸

一、故障经过

2013 年 5 月 15 日，××公司长安供电所红色村陈家石桥台区 B 干线总保 16：17～17：34 分跳闸 8 次，未闭锁。抢修值班人员赶赴现场查看，现场总保跳闸记录与系统中的数据相符，确认不是误告警。随即对 B 路总保下的用户展开漏电排查，排查线路及家保后未发现异常，并用钳形电流表测得所有落火线并无超限漏电电流，然而测得总保出线处 C 相漏电电流值明显偏大（300mA 左右）。

二、台区基本情况

红色村陈家石桥台区配电变压器为 S11 型变压器，容量为 315kVA，用户 56 个。该台区采用 TT 接地方式，共两条出线，均安装智能总保。两条投运出线上安装的保护器为分体式，跳闸期间均处正常运行状态。

三、现场核查情况和结论

（一）核查情况

通过实地查看，并核对相关信息系统，发现该台区当天有过线路施工，施工内容为接户线及表箱改造。通过对接户线搭接相位的验证，发现 32 个用户都搭接在 C 相上，造成三相漏电电流矢量和超过动作电流，引起跳闸。

（二）结论

因三相漏电电流矢量和超过总保动作电流整定值，造成总保跳闸。

四、原因分析

（1）低压电网落火线改造工程施工方案制定不到位，对用户的落火线相位搭接未做明确要求。

（2）外包施工人员缺乏电网建设相关的基础知识，业务技能不熟悉，不了解三相平衡对电网运行的重要性。

（3）由于平行集速线 C 相导线与中性线相临，致使施工人员偷懒将多数用户全部搭接在 C 相上。

（4）设备运行单位的现场施工管理人员未尽职，对接户线搭接工作把关不严。

五、工作建议

（1）高度重视三相不平衡对电网运行带来的危害。在工程施工方案中要做明确规定，并要求施工单位严格按照规定进行搭接。

（2）对外包施工单位的人员培训，提高认识度，扩充知识面，强化技能熟练度，确保现场施工按照施工方案规范实施。

（3）运行单位应加大对施工现场、施工质量的管控力度，防止出现施工过程中的缺陷伴生。

（4）按照现场实际排查情况，工程发包方应根据合同内相应条款对施工方进行处理。

第七节　三相负荷电流不平衡引起的总保频繁动作

一、问题描述

××年××月××日××时××分，××单位××供电所××台区××总保产生过载告警，过载电流值为260A，通过监测系统保护器档案查询，保护器的额定电流值为250A。通过监测系统总保曲线数据查询，保护器三相负荷电流值严重不平衡，A相为100A，B相为320A，C相为20A，导致保护器过载跳闸的主要原因非用户容量造成，主要由于三相负荷分配不均衡引起。

二、处理过程

抢修人员根据监控人员分析研判内容对三相负荷进行调整（见图5-13和图5-14），考虑到不同用户的负荷电流值不同，根据用户负荷电流值调整三相负荷。

图5-13　用户负荷状况（一）

图 5-14　用户负荷状况（二）

第八节　用户侧漏电引起的总保跳闸

一、投诉工单基本情况

2014 年 12 月 8 日，某供电所接到 95598 反馈，客户马先生反映该地点从 12 月份至今已停电 3 次以上，至今没有解决，要求供电公司相关部门尽快彻底解决此问题并给客户合理解释。2014 年 12 月 9 日，供电所运检班工作人员与客户取得联系后前往处理，反映 1 号村委公用变压器总保跳闸，经查线路侧无异常，对该总保下用户进行排查后，发现某饭店厨房一路内线漏电，引起总保跳闸，工单填报的停电类型为总保跳闸，具体原因为用户侧漏电，家保未投。

二、台区基本情况

投诉人反映地段由 1 号村委公用变压器 02 出线供电，通过用电采集系统核实该台区配电变压器为 S11 型变压器，容量为 200kVA。该台区采用 TT 接地方式，共 3 条出线，均安装一体式智能总保，投诉期间均处正常运行状态。总保安装情况如图 5-15 所示。

三、现场核查结论和情况

（一）核查结论

经入户调查、查看配电变压

图 5-15　总保安装情况

器，并核对信息系统，用户反映停电事件基本属实。实际停电原因为户表拆换，造成对用户的临时停电。工单反馈的停电类型、原因均与实际不符。

（二）现场及系统核查情况

（1）经核实确认，12月8日曾经对用户马先生家户表进行带电拆换，并未实施全线停电。工单上提及的某饭店紧邻一个很大的鱼塘，饭店老板即投诉人马先生，饭店户保安装投运情况如图5-16所示。

图5-16 饭店户保安装投运情况

（2）查询剩余电流动作保护器监测系统，显示10月7日～12月8日期间该总保未发生过跳闸或停电事件（见图5-17）。

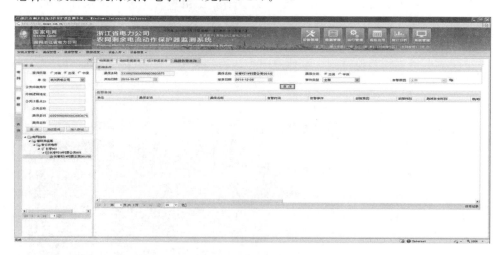

图5-17 跳闸事件查询

（3）12月8日1号村委公用变压器02出线的剩余电流曲线如图5-18所示。剩余电流最高值未达到当时设定的动作值（500mA），所以不可能引起总保跳闸停电。

176

图 5-18　剩余电流曲线

（4）通过用电信息采集系统查询到马先生（户号为 7098624）和他的两位邻居施先生（户号为 6620133316）、华先生（户号为 6620133271）的历史掉电记录，如图 5-19～图 5-21 所示。查询数据显示，12 月 8 日，两位邻居施先生、华先生均未有掉电记录，所以不可能是总保跳闸引起出线全部停电。

图 5-19　历史掉电记录（马先生）

四、原因分析

在充分肯定工作人员为避免扩大停电范围采用带电拆换户表工作方式的同时，该事件也反映了工单处理人员对剩余电流动作保护器监测系统不熟悉，仅凭经验（因饭店紧邻鱼塘，发生漏电跳闸事件概率比较大）判定停电原因为家保未

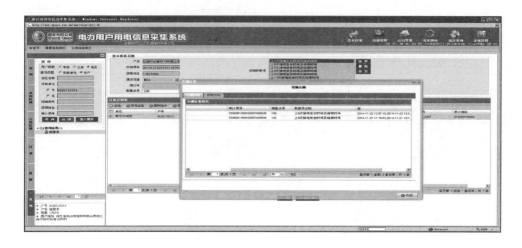

图 5-20 历史掉电记录（施先生）

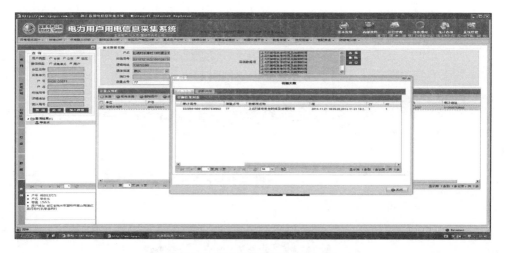

图 5-21 历史掉电记录（华先生）

装，用户侧漏电，引起总保跳闸。

第九节 用户侧漏电引起的频繁动作

一、问题描述

××年××月××日××时××分，××单位××供电所××台区××总保产生频繁动作异常，通过监测系统告警明细查询，该总保已产生 10 条剩余电流告警，未产生闭锁告警，剩余电流告警间隔为 1min，剩余电流值均在 500mA 左右，可判断该漏电是一种突发性和滞后性的，此类问题一般为用户侧含交流接触器等延迟性复电设备的可能性较大。通过营销系统查询，该线路下存在路灯用户，同时跳闸发生时间在 18 时左右，正好是路灯启动时间，基本可判断路灯设备发生漏电。

二、 处理过程

抢修人员根据监控人员分析研判内容优先到达公用变压器总保处，此时总保依旧在跳闸，抢修人员对总保退运后，赶到路灯计量箱处，经泄漏钳形电流表测试，其泄漏电流达到 500mA 左右，接近总保跳闸前漏电值，如图 5-22 所示。抢修人员对路灯线路进行隔离后，总保恢复合闸，线路剩余电流值恢复 15mA。

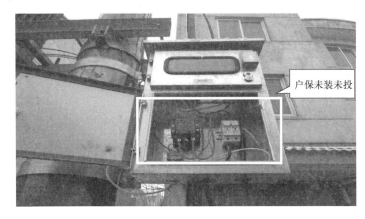

图 5-22 问题描述

附录一　Q/GDW 11020—2013　农村低压电网剩余电流动作保护器配置导则

目　次

农村低压电网剩余电流动作保护器配置导则

1 范围

本标准规定了农村低压电网剩余电流动作保护器的安装位置、技术参数、功能配置和配合原则。

本标准主要适用于农村低压电网 TT 系统剩余电流动作保护器的配置，其他接地方式的低压电网可参照本标准执行。

2 规范性引用文件

下列文件对于本文件的应用是必不可少的。凡是注日期的引用文件，仅注日期的版本适用于本文件。凡是不注日期的引用文件，其最新版本（包括所有的修改单）适用于本文件。

GB/Z 6829—2008 剩余电流动作保护器的一般要求

GB 13955—2005 剩余电流动作保护装置安装和运行

GB 14048.2—2008 低压开关设备和控制设备 第 2 部分：断路器

GB 16895.21—2011 低压电气装置 第 4-41 部分：安全防护 电击防护

DL/T 499—2001 农村低压电力技术规程

DL/T 736—2010 农村电网剩余电流动作保护器安装运行规程

3 术语和定义

下列术语和定义适用于本文件。

3.1

剩余电流动作保护器 residual current protector

当剩余电流达到或超过给定值时能自动断开电路或发出报警信息的低压开关电器或组合电器。

3.2

总保护 main protection

安装在配电台区低压侧的第一级剩余电流动作保护器，亦称总保。

3.3

中级保护 middle protection

安装在总保和户保之间的低压干线或分支线的剩余电流动作保护器，亦称中保。中保因安装地点、接线方式不同，可分为三相中保和单相中保。

3.4

户保 household protection

安装在用户进线处的剩余电流动作保护器，亦称家保。

3.5

末级保护 grid end protection

用于保护单台电器设备（工器具）或局部共用供电插座回路的剩余电流动作保护器。

3.6

剩余电流动作断路器 residual current operated circuit-breaker

用于接通、承载和分断正常工作条件下电流，以及在规定条件下当剩余电流达到一个规定值时，使触头断开的机械开关电器。

3.7

一体式剩余电流动作继电器 integrated residual current operated relay

在规定条件下，当剩余电流达到或超过给定值时，使电器的一个或多个电气输出电路中的触点产生开闭动作或使触头断开的组合电器，具备接通和承载额定工作电流并能分断不大于 10kA 故障电流的能力。

4 剩余电流动作保护器的安装位置

4.1 保护器安装的基本要求

4.1.1 根据低压电网网架结构和配电变压器的容量，合理配置二级或三级剩余电流动作保护器。

4.1.2 各级剩余电流动作保护器应安装在免受雨淋和日晒的位置。

4.2 总保护器的安装位置

4.2.1 配电变压器低压侧应配置剩余电流动作总保护器。

4.2.2 三相配电变压器低压侧配置的总保护器应安装在配电变压器的每一回路低压侧出线，具体见图 1。

4.2.3 单相配电变压器低压侧出线应设置台区总保护器，具体见图 2。

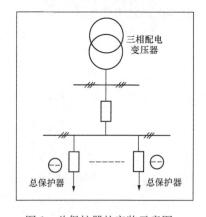

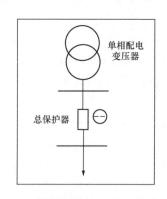

图 1 总保护器的安装示意图一　　　图 2 总保护器的安装示意图二

4.3 中级保护器的安装位置

4.3.1 新建或改造的配电台区低压电网宜配置中级保护。

4.3.2 计量装置采取集中表箱安装的，宜在集中表箱内配置中级保护；根据电源进线方式，宜配置三极四线或二极二线中级保护，具体见图3。

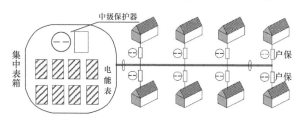

图3 集中表箱中级保护器的安装示意图

4.3.3 计量装置采取分散安装的，宜在分支线分支点或主干线分段点安装分支箱，并配置中级保护，具体见图4。

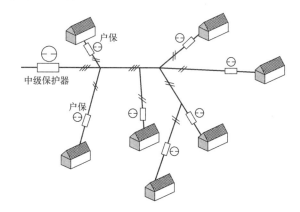

图4 分散用户中级保护器的安装示意图

4.3.4 单相配电变压器供电台区不宜设中级保护。

4.4 户保（家保）的安装位置

4.4.1 农村公用配电变压器供电的客户应配置户保（家保）。

4.4.2 户保应安装在用户的进线上。多层住宅的用电客户，宜分层装设户保。

4.5 末级保护的安装位置

下列情况应设置独立剩余电流动作保护器：

a）农业生产用的电气设备，大棚种植或农田灌溉用电力设施；

b）温室养殖与育苗、水产品加工用电；

c）抗旱排涝用的潜水泵，家庭水井用潜水泵；

d）安装在水中的供电线路和设备，游泳池、喷水池、浴池的电气设备；

e）安装在户外的电气设备；

f) 施工工地的电气机械设备；

g) 工业生产用的电气设备；

h) 属于 I 类的移动式电气设备及手持电动工具；

i) 机关、学校、宾馆、饭店、企事业单位和住宅等除壁挂式空调电源插座外的其他电源插座或插座回路；

j) 临时用电的电气设备，应在临时线路的首端设置末级保护；

k) 其他需要设置保护器的场所。

4.6 剩余电流动作保护器的安装运行

4.6.1 剩余电流动作保护器安装运行应符合 GB 13955—2005、GB 14048.2—2008、GB 16895.21—2011、DL/T 499—2001、DL/T 736—2000 相关规定。

4.6.2 配电台区中性点接地阻应满足 DL/T 499—2001 相关规定。

5 剩余电流动作保护器的技术参数

5.1 剩余电流动作保护器的技术参数

总保护和中级保护的技术参数应符合表 1 的规定。

表 1　总保护和中级保护的技术参数

序号	项目	单位	数值	
1	极数和回路数		单极二线、二极、二极三线、三极、三极四线、四极	
2	型式（根据动作特性确定）①		AC 型、A 型、B 型	
3	额定电压 U_n	V	220、380	
4	额定电流 I_n	A	单极、二极	32、63、100、160
			三极或四极	63、80、100、125、160、200、250、400、630、800
5	额定频率 f_n	Hz	50	
6	额定剩余动作电流值 $I_{\triangle n}$	mA	50、100、200、300	
7	额定剩余不动作电流 $I_{\triangle n0}$	mA	50% $I_{\triangle n}$	
8	额定接通和分断能力 I_{om}	A	断路器型	6kA～50kA
			继电器型一体式	≤10kA
			继电器型分体式	—
9	额定剩余接通和分断能力 $I_{\triangle m}$	A	最小值为 10I_n 或 500A，两者取较大者	
10	重合闸时间	s	20～60	
11	极限不驱动时间	s	见表 5、表 6	
12	最大分断时间	s	见表 5、表 6	
注：①AC 型剩余电流动作保护器、A 型剩余电流动作保护器和 B 型剩余电流动作保护器的功能要求分别参见 GB/Z 6829—2008 中 5.2.9.1、5.2.9.2、5.2.9.3 的规定				

5.2 剩余电流动作保护器的型式

剩余电流动作保护器的型式分类符合 GB/Z 6829—2008 相关规定。

6 剩余电流动作保护器的功能配置

总保护和中级保护的功能配置应符合表 2 的规定。

表 2　总保护和中级保护的功能配置

序号	项目	功能	总保护			中级保护	
			断路器型	继电器型		断路器型	继电器型
				一体式	分体式		
1	剩余电流保护	总保护和中级保护的范围是判断并及时切除低压电网主干线和分支线上断线接地等产生剩余电流的故障	√	√	√	√	√
2	短路保护	判断并迅速切除三相短路、两相短路、三相接地短路、两相接地短路、单相接地短路等短路故障	√	√	×	√	○
3	剩余电流保护	总保护和中级保护的范围是判断并及时切除低压电网主干线和分支线上断线接地等产生剩余电流的故障	√	√	√	√	√
4	短路保护	判断并迅速切除三相短路、两相短路、三相接地短路、两相接地短路、单相接地短路等短路故障	√	√	×	√	○
5	过负荷保护	预设过负荷电流定值，且当回路电流值超过预设值时，按照预定设置告警或延时切断故障	√	√	×	○	○
6	断零、缺相保护	判断出线端相线断线和工作零线断线故障，按照预定设置切断故障或告警	○	○	○	○	○
7	过压、欠压保护	预设线路电压上、下限值，且当线路电压高于上限值或低于下限值时，按照预定设置切断故障或告警	√	√	√	○	○
8	显示、监测记录剩余电流	具有剩余电流等整定值的显示及低压电网剩余电流、故障相位等的显示、监测及跳闸次数记录等功能	√	√	√	○	○
9	显示、监测、记录电流	具有额定电流的显示和负荷电流的监测、显示功能	○	○	○	○	○

序号	项目	功 能	总保护			中级保护	
			断路器型	继电器型		断路器型	继电器型
				一体式	分体式		
10	自动重合闸	具有一次自动重合闸，闭锁后须手动恢复	√	√	√	○	○
11	告警	在不允许断电的场合，具有报警状态功能；在进行故障检修时，保护器失去剩余电流保护跳闸功能	○	○	○	○	○
12	防雷	具有防雷模块，保护装置本体免遭雷击	√	√	√	○	○
13	通信	具有本地或远程通信接口（RS-485、RS-232支持载波、GPRS等）	√	√	√	○	○
14	远方操作	可实现远程控制，能远距离进行分闸、合闸及查询运行状况等智能化功能	√	√	√	○	○
注："√"代表必备功能；"○"代表可选功能；"×"代表不具备功能							

7 剩余电流动作保护器的配合原则

7.1 剩余电流动作保护器动作电流设置要求

7.1.1 剩余电流动作保护器在动作电流设置上应有选择性。

7.1.2 台区剩余电流动作保护器动作电流设置应符合表 3 的规定。

表 3 剩余电流动作保护器额定剩余动作电流最大值

序号	用途	级别	额定剩余动作电流最大值（mA）	
				其中：高湿度地区
1	总保护	一级	(50)*、100、200、300	300
2	中级保护	二级	50、100	100
3	户保	三级	10（15）、30	30
4		末级	一般选择动作电流 10mA，特别潮湿的场所应选择 6mA	
注：（1） *50mA 档只适用于单相变压器供电的总保护。 （2）总保护的剩余动作电流应分挡可调				

7.1.3 装有剩余电流动作保护器的线路及电气设备，其泄漏电流应不大于额定剩余电流动作值的 30%；达不到要求时，应及时查明原因，处理达标后再投入运行。

7.1.4 户保保护范围内的用电设施对地泄漏电流的限值应符合表 4 的规定。

表 4　户保保护范围内用电设备对地泄漏电流的限值

区 域	平均值（mA）	最大值（mA）
干燥地区	<1	≤5
潮湿地区	<（1.5～2）	≤10

7.2　剩余电流动作保护器动作时限设置要求

7.2.1　剩余电流动作保护器在动作时限设置上应有选择性。

7.2.2　公用三相配电变压器台区剩余电流动作保护器动作延时应符合表 5 的规定。

表 5　公用三相配电变压器台区剩余电流动作保护器动作时间选用表

序号	用途	级别	$\leq 2I_{\triangle n}$		$5I_{\triangle n}$、$10I_{\triangle n}$	
			极限不驱动时间（s）	最大分断时间（s）	极限不驱动时间（s）	最大分断时间（s）
1	总保护	一级	0.2	0.3	0.15	0.25
2	中级保护	二级	0.1	0.2	0.06	0.15
3	户保	三级	不设置动作延时	0.04	—	—
4		末级	不设置动作延时			
注：$I_{\triangle n}$为额定剩余动作电流，下同						

7.2.3　公用单相配电变压器台区剩余电流动作保护器动作延时应符合表 6 的规定。

表 6　公用单相配电变压器台区剩余电流动作保护器动作时间选用表

序号	用途	级别	$\leq 2I_{\triangle n}$		$5I_{\triangle n}$、$10I_{\triangle n}$	
			极限不驱动时间（s）	最大分断时间（s）	极限不驱动时间（s）	最大分断时间（s）
1	总保护	一级	0.1	0.2	0.06	0.15
2	户保	三级	不设置动作延时	0.04	—	—
3		末级	不设置动作延时			

附录二　Q/GDW 11196—2014　剩余电流动作保护器选型技术原则和检测技术规范

目　次

剩余电流动作保护器选型技术原则和检测技术规范

1 范围

本标准规定了剩余电流动作保护器的使用条件、选型原则、检测项目及技术要求等内容。

本标准适用于剩余电流动作总保护器和中级保护器。

2 规范性引用文件

下列文件对于本文件的应用是必不可少的。凡是注日期的引用文件，仅注日期的版本适用于本文件。凡是不注日期的引用文件，其最新版本（包括所有的修改版）适用于本文件。

GB/T 2423.1—2008 电工电子产品环境试验 第2部分：试验方法 试验A：低温

GB/T 2423.2—2008 电工电子产品环境试验 第2部分：试验方法 试验IT：高温

GB/T 13384—2008 机电产品包装通用技术条件

GB 13955—2005 剩余电流动作保护装置安装和运行

GB 14048.1—2012 低压开关设备和控制设备 第1部分：总则

GB 14048.2—2008 低压开关设备和控制设备 第2部分：断路器

GB 14048.4—2010 低压开关设备和控制设备 机电式接触器和电动机起动器（含电动机保护器）

GB 16916.1—2014 家用和类似用途的不带过电流保护的剩余电流动作断路器（RCCB）第1部分：一般规则

GB 16916.21—2008 家用和类似用途的不带过电流保护的剩余电流动作断路器（RCCB）第21部分：一般规则对动作功能与电源电压无关的RCCB的适应性

GB 16916.22—2008 家用和类似用途的不带过电流保护的剩余电流动作断路器（RCCB）第22部分：一般规则对动作功能与电源电压无关的RCCB的适应性

GB 16917.1—2014 家用和类似用途的带过电流保护的剩余电流动作断路器（RCBO）第1部分：一般规则

GB 16917.21—2008 家用和类似用途的带过电流保护的剩余电流动作断路器（RCBO）第21部分：一般规则对动作功能与电源电压无关的RCBO的适应性

GB 16917.22—2008　家用和类似用途的带过电流保护的剩余电流动作断路器（RCBO）第 22 部分：一般规则对动作功能与电源电压有关的 RCBO 的适应性

GB/T 22387—2008　剩余电流动作继电器

GB 50150—2006　电气装置安装工程　电气设备交接试验标准

DL/T 736—2010　农村电网剩余电流动作保护器安装运行规程

Q/GDW 11020—2013　农村低压电网剩余电流动作保护器配置导则

3　术语和定义

GB 13955、GB 14048.1、GB 14048.2、GB/T 22387 中界定的以及下列术语和定义适用于本文件。

3.1

AC 型剩余电流动作保护器　type AC residual current device

对突然施加或缓慢上升的剩余正弦交流电流能确保脱扣的剩余电流动作保护器。

3.2

A 型剩余电流动作保护器　type A residual current device

对突然施加或缓慢上升的剩余正弦交流电流和剩余脉动直流电流能确保脱扣的剩余电流动作保护器。

3.3

总保护　main protection

安装在配电台区低压侧的第一级剩余电流动作保护器，亦称总保。

3.4

中级保护　middle protection

安装在总保和户保之间的低压干线或分支线的剩余电流动作保护器，亦称中保。中保因安装地点、接线方式不同，可分为三相中保和单相中保。

3.5

户保　household protection

安装在用户进线处的剩余电流动作保护器，亦称家保。

4　剩余电流动作保护器使用条件

4.1　一般使用条件

4.1.1　安装地点的海拔不超过 2000m。

4.1.2　通常使用环境温度为：−10℃～+45℃，24 小时温差不超过 35K。

4.1.3　在使用环境温度达到 40℃、大气相对湿度不超过 50%时，或月平均温度 25℃、月平均相对湿度不小于 90%时，对于因温度变化产生的凝霜应采取适当处理措施。

4.2 特殊使用条件

4.2.1 特殊使用条件按照产品实际安装地点，分为 A 类地区、B 类地区、C 类地区和高海拔地区。

    a）A 类地区：使用环境温度预期为－10℃～＋75℃；

    b）B 类地区：使用环境温度预期为－25℃～＋60℃；

    c）C 类地区：使用环境温度预期为－40℃～＋40℃；

    d）高海拔地区：使用地区海拔高度超过 2000m，但不超过 4000m。

4.2.2 剩余电流动作保护器使用环境温度高于其标准环境温度时，宜采取容量上浮一档的方式处理。对过电流保护采用热磁式脱扣器的剩余电流动作保护器在周围空气温度超过上限时，将额定容量降低一档使用，以确保过电流保护器不误动。对过电流保护采用电子式脱扣器的剩余电流动作保护器在周围空气温度超过上限时，将额定容量降低一档使用，以确保过电流保护器温升不超过表 2、表 3、表 5 和表 6 的规定。

4.2.3 在特殊环境使用的剩余电流动作保护器，应进行特殊环境试验检测，主要是低温和高温环境条件下的过载保护和剩余电流动作特性的试验，试验检测应通过具有第三方检测资质的检测机构检测，试验合格的产品可参加投标和投入使用。

4.3 安装类别：Ⅲ。

4.4 电源正弦波畸变小于 5%。

4.5 壳体防护等级：IP20。

4.6 剩余电流动作保护器安装场所附近的外磁场在任何方向不超过地磁场的 5 倍，无爆炸性、无雨雪侵袭。

5 剩余电流动作保护器选型技术原则

5.1 剩余电流动作保护器型式分类

5.1.1 剩余电流动作保护器按照安装位置可分为总保护、中级保护和户保。总保护和中级保护应采用延时型剩余电流动作保护器。剩余电流动作保护器应根据系统供电方式选择合适的极数，且极与线应匹配。

5.1.2 剩余电流动作保护器的分类如表 1 所示。

表 1 剩余电流动作保护器分类表

剩余电流动作保护器分类	延时型	断路器型一体式
		继电器型一体式
		继电器型分体式
	非延时型	断路器型一体式
		继电器型一体式
		继电器型分体式

5.2 一般原则

5.2.1 应根据配电变压器的容量合理选择剩余电流动作保护器的额定电流，应优先选择技术成熟、工艺可靠的剩余电流动作保护器。

5.2.2 剩余电流动作保护器的选型原则按 GB 14048.2—2008 中附录 B、GB/T 22387—2008、Q/GDW 11020—2013 等相关标准规定执行。

5.3 剩余电流动作保护器技术参数

5.3.1 断路器型剩余电流动作总保护器的技术参数及功能要求见表 2。

表 2 断路器型剩余电流动作总保护器的技术参数及功能要求

序号	名称		单位	标准参数值	
一、技术参数					
1	极数			3P＋N（N 极为直通导体），250A（壳架电流）及以下：N 极载流量＝相极载流量；250A 以上：N 极载流量不小于 1/2 相极载流量	
2	额定电流（I_n）		A	63、100、160、250、400、500、630、800	
3	额定壳架电流		A	100、250、400、630、800	
4	额定电压（AC）		V	400	
5	额定频率		Hz	50	
6	额定剩余电流动作值（$I_{\triangle n}$）		mA	50、100、200、300	
7	额定剩余电流不动作值		mA	$0.7I_{\triangle n}$	
8	剩余电流测量（AC 型剩余电流动作保护器）	范围		$I_n \leqslant 100A$，$20\%I_{\triangle n} \sim 120\%I_{\triangle n}$	$I_n > 100A$，$20\%I_{\triangle n} \sim 120\%I_{\triangle n}$
		误差		20%	10%
9	剩余电流最大分断时间	$\leqslant 2I_{\triangle n}$	s	0.3	
		$5I_{\triangle n}$、$10I_{\triangle n}$		0.25	
10	极限不驱动时间	$\leqslant 2I_{\triangle n}$	s	0.2	
		$5I_{\triangle n}$、$10I_{\triangle n}$		0.15	
11	剩余电流动作时间误差		s	±0.02	
12	重合闸时间		s	20～60	
13	剩余电流动作特性分类			AC 型剩余电流动作保护器、A 型剩余电流动作保护器	
14	额定冲击耐受电压（主断口间）		kV	8	
15	接线方式			板前接线	
16	分、合闸方式			就地和远方	

序号	名称	单位	标准参数值
二、过电流脱扣器保护特性			
17	过载保护	基准温度	$1.05I_n$：$I_n \leqslant 63A$，1h 内不脱扣；$I_n >$ 63A，2h 内不脱扣
			$1.30I_n$：$I_n \leqslant 63A$，1h 内脱扣；$I_n >$ 63A，2h 内脱扣
18	短路保护	任何合适温度	$10I_n$：脱扣时间<0.2s
三、温升限值			
19	进线端子	K	70
20	出线端子		70
21	非金属人力操作部件		35
22	非金属可触及但不可握部件		50
23	正常操作时无需触及的部件		60
四、额定运行短路分断能力			
	剩余电流动作保护器额定壳架电流（I_n）		剩余电流动作保护器额定运行短路分断电流（I_{cs}）
24	250A 及以下	kA	$\geqslant 10$
25	400A		$\geqslant 25$
26	630A、800A		$\geqslant 35$
五、总寿命			
	剩余电流动作保护器额定壳架电流（I_n）		剩余电流动作保护器操作循环次数
27	100A	万次	$\geqslant 1$
28	250A		$\geqslant 0.8$
29	400A 及以上		$\geqslant 0.5$
六、绝缘强度			
30	工频耐压		2500V/min 无击穿及闪络
31	绝缘电阻	MΩ	$\geqslant 2$
七、功能配置			
32	剩余电流保护		判断并及时切除低压电网主干线和分支线上单相接地等情况下产生的剩余电流超过设定值的故障
33	短路保护		判断并迅速切除三相短路、两相短路、三相接地短路、两相接地短路等短路故障
34	过负荷保护		预设过负荷电流定值，且当回路电流值超过预设值时，按照预定设置告警或延时切断故障

序号	名称	单位	标准参数值
35	断零、缺相保护•		判断进线端任意相线断线和工作零线断线故障，按照预定设置切断故障或告警
36	过压、欠压保护•		预设线路电压上、下限值，且当线路电压高于上限值或低于下限值时，按照预定设置切断故障或告警
37	显示、监测、记录剩余电流		具有剩余电流等整定值的显示及低压电网剩余电流、故障相位等的显示、监测及跳闸次数记录等功能
38	显示、监测、记录负荷电流•		具有额定电流的显示和负荷电流的监测、显示功能
39	自动重合闸		具有一次自动重合闸，闭锁后须手动恢复
40	告警•		在不允许断电的场合，具有报警状态功能；在进行故障检修时，保护器失去剩余电流保护跳闸功能
41	防雷		具有可插拔防雷模块，保护装置本体免遭雷击；相关技术参数符合《剩余电流动作保护器防雷模块技术条件》要求
42	通信		具有本地或远程通信接口（RS-485、RS-232、支持载波、GPRS等）；通信规约符合《剩余电流动作保护器通信规约的技术要求》
43	远方操作		可实现远程控制，能远距离进行分闸、合闸及查询运行状况等智能化功能
44	额定剩余电流动作值调节		多档可调，最多4档
注：•表示该项功能为选配功能			

5.3.2 继电器型一体式剩余电流动作总保护器的技术参数和功能要求见表3，继电器型分体式剩余电流动作总保护器的技术参数和功能要求见表4。

表3 继电器型一体式剩余电流动作总保护器的技术参数及功能要求

序号	名称	单位	标准参数值
一、技术参数			
1	极数		3P+N（N极为直通导体），250A（壳架电流）及以下：N极载流量＝相极载流量；250A以上：N极载流量不小于1/2相极载流量
2	额定电流（I_n）	A	63、100、160、250、400、500、630、800
3	额定壳架电流	A	100、250、400、630、800
4	额定电压（AC）	V	400

194

序号	名称		单位	标准参数值	
5	额定频率		Hz	50	
6	额定剩余电流动作值（$I_{\triangle n}$）		mA	50、100、200、300	
7	额定剩余电流不动作值		mA	$0.7I_{\triangle n}$	
8	剩余电流测量（AC型剩余电流动作保护器）	范围		$I_n \leq 100A$，$20\% I_{\triangle n} \sim 120\% I_{\triangle n}$	$I_n > 100A$，$20\% I_{\triangle n} \sim 120\% I_{\triangle n}$
		误差		20％	10％
9	剩余电流最大分断时间	$\leq 2I_{\triangle n}$	s	0.3	
		$5I_{\triangle n}$、$10I_{\triangle n}$		0.25	
10	极限不驱动时间	$\leq 2I_{\triangle n}$	s	0.2	
		$5I_{\triangle n}$、$10I_{\triangle n}$		0.15	
11	剩余电流动作时间误差		s	±0.02	
12	重合闸时间		s	20～60	
13	剩余电流动作特性分类			AC型剩余电流动作保护器、A型剩余电流动作保护器	
14	额定冲击耐受电压（主断口间）		kV	8	
15	接线方式			板前接线	
16	分、合闸方式			就地和远方	
二、过电流脱扣器保护特性					
17	过载保护		基准温度	$1.05I_n$：$I_n \leq 63A$，1h内不脱扣；$I_n > 63A$，2h内不脱扣	
				$1.30I_n$：$I_n \leq 63A$，1h内脱扣；$I_n > 63A$，2h内脱扣	
18	短路保护		任何合适温度	$10I_n$：脱扣时间<0.2s	
三、温升限值					
19	进线端子		K	70	
20	出线端子			70	
21	非金属人力操作部件			35	
22	非金属可触及但不可握部件			50	
23	正常操作时无需触及的部件			60	
四、额定运行短路分断能力					
剩余电流动作保护器额定壳架电流（I_n）				剩余电流动作保护器额定运行短路分断电流（I_{cs}）	
24	250A及以下		kA	≥6	
25	400A及以上			≥10	

序号	名称	单位	标准参数值
五、总寿命			
剩余电流动作保护器额定壳架电流（I_n）			剩余电流动作保护器的操作循环次数
26	100A	万次	≥1.5
27	250A		≥1
28	400A 及以上		≥0.8
六、绝缘强度			
29	工频耐压		2500V/min 无击穿及闪络
30	绝缘电阻	MΩ	≥2
七、功能配置			
31	剩余电流保护		判断并及时切除低压电网主干线和分支线上单相接地等情况下产生的剩余电流超过设定值的故障
32	短路保护		判断并迅速切除三相短路、两相短路、三相接地短路、两相接地短路等短路故障
33	过负荷保护		预设过负荷电流定值，且当回路电流值超过预设值时，按照预定设置告警或延时切断故障
34	断零、缺相保护•		判断进线端任意相线断线和工作零线断线故障，按照预定设置切断故障或告警
35	过压、欠压保护•		预设线路电压上、下限值，且当线路电压高于上限值或低于下限值时，按照预定设置切断故障或告警
36	显示、监测、记录剩余电流		具有剩余电流等整定值的显示及低压电网剩余电流、故障相位等的显示、监测及跳闸次数记录等功能
37	显示、监测、记录负荷电流•		具有额定电流的显示和负荷电流的监测、显示功能
38	自动重合闸		具有一次自动重合闸，闭锁后须手动恢复
39	告警•		在不允许断电的场合，具有报警状态功能；在进行故障检修时，保护器失去剩余电流保护跳闸功能
40	防雷		具有可插拔防雷模块，保护装置本体免遭雷击；相关技术参数符合《剩余电流动作保护器防雷模块技术条件》要求
41	通信		具有本地或远程通信接口（RS-485、RS-232、支持载波、GPRS 等）；通信规约符合《剩余电流动作保护器通信规约的技术要求》
42	远方操作		可实现远程控制，能远距离进行分闸、合闸及查询运行状况等智能化功能
43	额定剩余电流动作值调节		多档可调，最多 4 档
注："•"表示该项功能为选配功能			

表 4 继电器型分体式剩余电流动作总保护器的技术参数和功能要求

序号	名　称		单位	标准参数值	
一、技术参数					
1	极数			3P＋N（N 极为直通导体）	
2	额定电流（I_n）		A	63、100、160、250、400、500、630	
3	额定电压（AC）		V	400	
4	额定频率		Hz	50	
5	额定剩余动作电流值（$I_{\triangle n}$）		mA	50、100、200、300	
6	额定剩余不动作电流		mA	$0.7I_{\triangle n}$	
7	剩余电流测量（AC 型剩余电流动作保护器）	范围	mA	$I_n \leqslant 100A$，$20\%I_{\triangle n} \sim 120\%I_{\triangle n}$	$I_n > 100A$，$20\%I_{\triangle n} \sim 120\%I_{\triangle n}$
		误差		20％	10％
8	剩余电流最大分断时间	$\leqslant 2I_{\triangle n}$	s	0.3	
		$5I_{\triangle n}$、$10I_{\triangle n}$		0.25	
9	极限不驱动时间	$\leqslant 2I_{\triangle n}$	s	0.2	
		$5I_{\triangle n}$、$10I_{\triangle n}$		0.15	
10	剩余电流动作时间误差		s	±0.02	
11	重合闸时间		s	20～60	
12	辅助电源欠压动作值		V	单相 160（1±5％）V（电压恢复到 187V 以上时能自动重合闸）	
13	额定辅助电压（AC）		V	220V	
14	漏电动作特性分类			AC 型剩余电流动作保护器、A 型剩余电流动作保护器	
15	额定冲击耐受电压（主断口间）		kV	8	
二、过电流脱扣器保护特性					
16	过载保护		基准温度	$1.05I_n$：$I_n \leqslant 63A$，1h 内不脱扣；$I_n > 63A$，2h 内不脱扣	
				$1.30I_n$：$I_n \leqslant 63A$，1h 内脱扣；$I_n > 63A$，2h 内脱扣	
三、总寿命					
17	剩余电流动作保护器操作循环次数		次	$\geqslant 6050$	
四、绝缘强度					
18	工频耐压			2500V/min 无击穿及闪络	
19	绝缘电阻		MΩ	$\geqslant 2$	

197

序号	名　称	单位	标准参数值
五、功能配置			
20	剩余电流保护		判断并及时切除低压电网主干线和分支线上单相接地等产生的剩余电流超过规定值的故障
21	断零、缺相保护•		判断进线端任意相线断线和工作零线断线故障，按照预定设置切断故障或告警
22	过负荷保护		预设过负荷电流定值，且当回路电流值超过预设值时，按照预定设置告警或延时切断故障
23	过压、欠压保护•		预设线路电压上、下限值，且当线路电压高于上限值或低于下限值时，按照预定设置切断故障或告警
24	显示、监测、记录剩余电流		具有剩余电流等整定值的显示及低压电网剩余电流、故障相位等的显示、监测及跳闸次数记录等功能
25	显示、监测、记录负荷电流•		具有额定电流的显示和负荷电流的监测、显示功能
26	自动重合闸		具有一次自动重合闸，闭锁后须手动恢复
27	告警•		在不允许断电的场合，具有报警状态功能；在进行故障检修时，保护器失去剩余电流保护跳闸功能
28	防雷		具有可插拔防雷模块，保护装置本体免遭雷击；相关技术参数符合《剩余电流动作保护器防雷技术标准》要求
29	通信		具有本地或远程通信接口（RS-485、RS-232、支持载波、GPRS等）；通信规约符合《剩余电流动作保护器通信规约的技术要求》
30	远方操作		可实现远程控制，能远距离进行分闸、合闸及查询运行状况等智能化功能
31	额定剩余电流动作值调节		多档可调，最多4档
注："•"表示该项功能为选配功能			

5.3.3 断路器型中级剩余电流动作保护器的技术参数和功能要求见表5。

表5　断路器型中级剩余电流动作保护器的技术参数和功能要求

序号	名称	单位	标准参数值
一、技术参数			
1	极数		按供电方式配置
2	额定电流（I_n）	A	63、100、160、250
3	额定壳架电流	A	100、250
4	额定电压（AC）	V	220、400

序号	名称		单位	标准参数值	
5	额定频率		Hz	50	
6	额定剩余动作电流值（$I_{\triangle n}$）		mA	50、100	
7	额定剩余不动作电流		mA	$0.7I_{\triangle n}$	
8	剩余电流测量（AC 型剩余电流动作保护器）	范围		$I_n \leqslant 100A$，$20\% I_{\triangle n} \sim 120\% I_{\triangle n}$	$I_n > 100A$ 以上，$20\% I_{\triangle n} \sim 120\% I_{\triangle n}$
		误差		20%	10%
9	剩余电流最大分断时间	$\leqslant 2I_{\triangle n}$	s	0.20	
		$5I_{\triangle n}$、$10I_{\triangle n}$		0.15	
10	极限不驱动时间	$\leqslant 2I_{\triangle n}$	s	0.10	
		$5I_{\triangle n}$、$10I_{\triangle n}$		0.06	
11	剩余电流动作时间误差		s	±0.02	
12	重合闸时间		s	20~60	
13	剩余电流动作特性分类			AC 型剩余电流动作保护器、A 型剩余电流动作保护器	
14	额定冲击耐受电压		kV	8	
15	接线方式			板前接线	
16	分、合闸方式			就地或远方	
二、过电流脱扣器保护特性					
17	过载保护		基准温度	$1.05I_n$，$I_n \leqslant 63A$，1h 内不脱扣；$I_n > 63A$，2h 内不脱扣	
				$1.30I_n$，$I_n \leqslant 63A$，1h 内脱扣；$I_n > 63A$，2h 内脱扣	
18	短路保护		任何合适温度	$10I_n$，脱扣时间<0.2s	
三、温升限值					
19	进线端子			70	
20	出线端子			70	
21	非金属人力操作部件		K	35	
22	非金属可触及但不可握部件			50	
23	正常操作时无需触及的部件			60	
四、额定运行短路分断能力					
剩余电流动作保护器额定壳架电流（I_n）			剩余电流动作保护器额定运行短路分断电流（I_{cs}）		

序号	名称	单位	标准参数值
24	100A 及以下	kA	≥6
25	250A		≥8
五、总寿命			
26	剩余电流动作保护器操作循环次数	次	≥6050
六、绝缘强度			
27	工频耐压		2500V/min 无击穿及闪络
28	绝缘电阻	MΩ	≥2
七、功能配置			
29	剩余电流保护		判断并及时切除低压电网主干线和分支线上单相接地短路等产生的剩余电流超过设定值的故障
30	短路保护		判断并迅速切除三相短路、两相短路、三相接地短路、两相接地短路等短路故障
31	过负荷保护•		预设过负荷电流定值，且当回路电流值超过预设值时，按照预定设置告警或延时切断故障
32	断零、缺相保护•		判断进线端相线断线和工作零线断线故障，按照预定设置切断故障或告警
33	过压、欠压保护•		预设线路电压上、下限值，且当线路电压高于上限值或低于下限值时，按照预定设置切断故障或告警
34	显示、监测、记录剩余电流•		具有剩余电流等整定值的显示及低压电网剩余电流、故障相位等的显示、监测及跳闸次数记录等功能
35	显示、监测、记录电流•		具有额定电流的显示和负荷电流的监测、显示功能
36	自动重合闸•		具有一次自动重合闸，闭锁后须手动恢复
37	告警•		在不允许断电的场合，具有报警状态功能；在进行故障检修时，保护器失去剩余电流保护跳闸功能
38	防雷•		具有可插拔防雷模块，保护装置本体免遭雷击；相关技术参数符合《剩余电流动作保护器防雷技术标准》要求
39	通信•		具有本地或远程通信接口（RS-485、RS-232 支持载波、GPRS等），通信规约符合《剩余电流动作保护器通信规约的技术要求》（限于配电表箱内）
40	远方操作•		可实现远程控制，能远距离进行分闸、合闸及查询运行状况等智能化功能
41	额定剩余动作电流可调		两档可调

注："•"表示该项功能为选配功能

5.3.4 继电器型一体式中级剩余电流动作保护器的技术参数和功能要求见表6，继电器型分体式中级剩余电流动作保护器的技术参数和功能要求见表7。

表6 继电器型一体式中级剩余电流动作保护器的技术参数和功能要求

序号	名称		单位	标准参数值	
一、技术参数					
1	极数			按供电方式配置	
2	额定电流（I_n）		A	63、100、160、250	
3	额定壳架电流		A	100、250	
4	额定电压（AC）		V	220、400	
5	额定频率		Hz	50	
6	额定剩余动作电流值（$I_{\triangle n}$）		mA	50、100	
7	额定剩余不动作电流		mA	$0.7I_{\triangle n}$	
8	剩余电流测量（AC型剩余电流动作保护器）	范围		$I_n \leqslant 100A$，$20\%I_{\triangle n} \sim 120\%I_{\triangle n}$	$I_n > 100A$ 以上，$20\%I_{\triangle n} \sim 120\%I_{\triangle n}$
		误差		20%	10%
9	剩余电流最大分断时间	$\leqslant 2I_{\triangle n}$	s	0.20	
		$5I_{\triangle n}$、$10I_{\triangle n}$		0.15	
10	极限不驱动时间	$\leqslant 2I_{\triangle n}$	s	0.10	
		$5I_{\triangle n}$、$10I_{\triangle n}$		0.06	
11	剩余电流动作时间误差		s	±0.02	
12	重合闸时间·		s	20～60	
13	剩余电流动作特性分类			AC型剩余电流动作保护器、A型剩余电流动作保护器	
14	额定冲击耐受电压		kV	8	
15	接线方式			板前接线	
16	分、合闸方式			就地或远方	
二、过电流脱扣器保护特性					
17	过载保护·		基准温度	$1.05I_n$，$I_n \leqslant 63A$，1h内不脱扣；$I_n > 63A$，2h内不脱扣	
				$1.30I_n$，$I_n \leqslant 63A$，1h内脱扣；$I_n > 63A$，2h内脱扣	
18	短路保护·		任何合适温度	$10I_n$，脱扣时间<0.2s	

序号	名称	单位	标准参数值
三、温升限值			
19	进线端子	K	70
20	出线端子		70
21	非金属人力操作部件		35
22	非金属可触及但不可握部件		50
23	正常操作时无需触及的部件		60
四、额定运行短路分断能力			
剩余电流动作保护器额定壳架电流（I_n）		剩余电流动作保护器额定运行短路分断电流（I_{cs}）	
24	100A 及以下	kA	≥8
25	250A		≥8
五、总寿命			
26	剩余电流动作保护器操作循环次数	次	≥6050
六、绝缘强度			
27	工频耐压		2500V/min 无击穿及闪络
28	绝缘电阻	MΩ	≥2
七、功能配置			
29	剩余电流保护		判断并及时切除低压电网主干线和分支线上单相接地短路等产生的剩余电流超过设定值的故障
30	短路保护·		判断并迅速切除三相短路、两相短路、三相接地短路、两相接地短路等短路故障
31	过负荷保护·		预设过负荷电流定值，且当回路电流值超过预设值时，按照预定设置告警或延时切断故障
32	断零、缺相保护·		判断进线端相线断线和工作零线断线故障，按照预定设置切断故障或告警
33	过压、欠压保护·		预设线路电压上、下限值，且当线路电压高于上限值或低于下限值时，按照预定设置切断故障或告警
34	显示、监测、记录剩余电流·		具有剩余电流等整定值的显示及低压电网剩余电流、故障相位等的显示、监测及跳闸次数记录等功能
35	显示、监测、记录电流·		具有额定电流的显示和负荷电流的监测、显示功能
36	自动重合闸·		具有一次自动重合闸，闭锁后须手动恢复
37	告警·		在不允许断电的场合，具有报警状态功能；在进行故障检修时，保护器失去剩余电流保护跳闸功能

序号	名称	单位	标准参数值
38	防雷•		具有可插拔防雷模块，保护装置本体免遭雷击；相关技术参数符合《剩余电流动作保护器防雷技术标准》要求
39	通信•		具有本地或远程通信接口（RS-485、RS-232 支持载波、GPRS等），通信规约符合《剩余电流动作保护器通信规约的技术要求》（限于配电表箱内）
40	远方操作•		可实现远程控制，能远距离进行分闸、合闸及查询运行状况等智能化功能
41	额定剩余动作电流可调		两档可调

注："•"表示该项功能为选配功能

表7 继电器型分体式中级剩余电流动作保护器的技术参数和功能要求

序号	名称		单位	标准参数值	
一、技术参数					
1	极数			按供电方式配置	
2	额定电流（I_n）		A	63、100、160、250	
3	额定电压（AC）		V	220、400	
4	额定频率		Hz	50	
5	额定剩余动作电流值（$I_{\triangle n}$）		mA	50、100	
6	额定剩余不动作电流		mA	$0.7I_{\triangle n}$	
7	剩余电流测量（AC型剩余电流动作保护器）	范围		$I_n \leqslant 100A$，$20\%I_{\triangle n} \sim 120\%I_{\triangle n}$	$I_n > 100A$，$20\%I_{\triangle n} \sim 120\%I_{\triangle n}$
		误差		20%	10%
8	剩余电流最大分断时间	$\leqslant 2I_{\triangle n}$	s	0.20	
		$5I_{\triangle n}$、$10I_{\triangle n}$		0.15	
9	极限不驱动时间	$\leqslant 2I_{\triangle n}$	s	0.10	
		$5I_{\triangle n}$、$10I_{\triangle n}$		0.06	
10	剩余电流动作时间误差		s	±0.02	
11	重合闸时间		s	20～60	
12	剩余电流动作特性分类			AC型剩余电流动作保护器、A型剩余电流动作保护器	
13	辅助电源欠压动作值		V	单相 160（±5%）V（电压恢复到187V以上时能自动重合闸）	

序号	名称	单位	标准参数值
14	额定辅助电压（AC）	V	220V
15	额定冲击耐受电压	kV	8
	分、合闸方式		就地或远方
二、过电流脱扣器保护特性			
16	过载保护	基准温度	$1.05I_n$，$I_n \leqslant 63A$，1h 内不脱扣；$I_n >$ 63A，2h 内不脱扣
			$1.30I_n$，$I_n \leqslant 63A$，1h 内脱扣；$I_n >$ 63A，2h 内脱扣
三、总寿命			
17	剩余电流动作保护器操作循环次数	次	$\geqslant 6050$
四、绝缘强度			
18	工频耐压		2500V/min 无击穿及闪络
19	绝缘电阻	MΩ	$\geqslant 2$
五、功能配置			
20	剩余电流保护		判断并及时切除低压电网主干线和分支线上单相接地等产生的剩余电流超过设定值的故障
21	过负荷保护		预设过负荷电流定值，且当回路电流值超过预设值时，按照预定设置告警或延时切断故障
22	断零、缺相保护•		判断进线端相线断线和工作零线断线故障，按照预定设置切断故障或告警
23	过压、欠压保护•		预设线路电压上、下限值，且当线路电压高于上限值或低于下限值时，按照预定设置切断故障或告警
24	显示、监测、记录剩余电流•		具有剩余电流等整定值的显示及低压电网剩余电流、故障相位等的显示、监测及跳闸次数记录等功能
25	显示、监测、记录电流•		具有额定电流的显示和负荷电流的监测、显示功能
26	自动重合闸•		具有一次自动重合闸，闭锁后须手动恢复
27	告警•		在不允许断电的场合，具有报警状态功能；在进行故障检修时，保护器失去剩余电流保护跳闸功能
28	防雷•		具有可插拔防雷模块，保护装置本体免遭雷击；相关技术参数符合《剩余电流动作保护器防雷技术标准》要求

序号	名称	单位	标准参数值
29	通信•		具有本地或远程通信接口（RS-485、RS-232 支持载波、GPRS 等）；通信规约符合《剩余电流动作保护器通信规约的技术要求》（限于配电表箱内）
30	远方操作•		可实现远程控制，能远距离进行分闸、合闸及查询运行状况等智能化功能
31	额定剩余动作电流可调		两档可调

注："•"表示该项功能为选配功能

5.4 结构要求

5.4.1 黑色金属（不锈钢除外）零件应有防腐镀层，金属零件没有裂纹、严重麻点及镀层脱落。

5.4.2 剩余电流动作保护器相序排列建议为：按面对盘柜从左至右为 A、B、C、N。

5.4.3 载流部件应有足够的机械强度和载流能力，载流部件应采用能满足实际使用要求的铜或铜合金。

5.4.4 接线端子与外部导线的连接应能保证标准截面积的铜导线夹紧在金属表面之间，既要长期保持必需的接触压力，又不至于损伤导线和端子；接线端子应使导线不能移动，同时接线端子本身也不应移动，以免损坏绝缘或影响断路器的正常运行。

5.4.5 电气间隙或爬电距离：剩余电流动作保护器不同极的带电部件之间，带电部件与其他易触及的金属部件之间需满足：电气间隙不应小于 5.5mm，爬电距离不应小于 6.3mm。

5.5 主要部件材料

5.5.1 产品主要部件材料应满足性能要求，易触及的外部零件应采用绝缘材料制成，外壳材质应有足够的机械强度、耐腐蚀和耐火等性能，外壳表面光滑无毛刺、气泡、裂纹和严重麻点，产品采用的非金属材料的应通过第三方阻燃耐老化试验，试验检验机构应具备国家要求的资格。

5.5.2 绝缘材料的相比漏电起痕指数（CTI）值不应小于 100。

5.5.3 固定载流部件所使用的绝缘材料应满足标准规定的灼热丝试验，预期的着火危险温度不低于 960℃，其余部分绝缘材料不低于 650℃。

5.5.4 动静触头应使用银合金材料，以确保良好的导电性能。

5.5.5 分体式剩余电流动作保护器控制回路的连接，应使用截面积不小于 1.5mm² 的多股绝缘软铜导线。

5.5.6 配套交流接触器能效不应低于 1 级。

5.6 剩余电流动作保护器的铭牌应采用金属或其他非金属材质固定在产品上，铭牌的内容应符合 GB 14048.2 中的相关规定。

5.7 剩余电流动作保护器的外形尺寸应满足表 8 的规定。

表 8 剩余电流动作保护器的外形尺寸（高×宽×厚，mm）

	极数	结构类型	尺寸要求	壳架额定电流（A）			
				100A 及以下	250A	400A	630A、800A
剩余电流动作保护器	三极四线	断路器型一体式	最大尺寸	235×135×135	240×160×160	340×205×185	360×280×200
			推荐尺寸	230×125×120	240×140×145	335×200×180	360×275×195
		继电器型一体式	最大尺寸	230×145×95	300×200×120	300×200×120	—
			推荐尺寸	230×145×90	300×195×120	300×195×120	—
		继电器型分体式	最大尺寸	215×115×80			
			推荐尺寸	195×110×75			
	两极两线	断路器型一体式	最大尺寸	135×130×105	215×120×105	—	
			推荐尺寸	130×125×105	210×120×105		

5.8 资质认证

生产厂家至少应提供下列有关资格文件：

a）权威机关颁发的 ISO 9000 系列的认证书或等同的质量保证体系认证证书；

b）所需的技术和主要设备等生产能力的文件资料；

c）3C 产品认证证书和供电企业认可且具备第三方检测资质的检测机构出具的有效检测报告，含特殊试验项目；

d）重要外购或配套部件供应商清单及检验报告；

e）进口关键元件供应商的供货承诺函。

5.9 如另有要求，应由供电企业与制造厂协商，并在合同中规定。

5.10 提供的产品图纸和部件标志，文字均应用中文表示，并使用 SI 国际单位制。

5.11 宜优先选用具有产品质量责任险的剩余电流动作保护器。

6 剩余电流动作保护器检测技术规范

6.1 试验分类

本标准规定了剩余电流动作保护器型式试验、出厂试验、抽检试验和现场交接试验。

6.2 型式试验

6.2.1 剩余电流动作保护器应进行第三方型式试验，型式试验应由具备国家认可资质的第三方检测机构执行。

6.2.2 型式试验项目及要求，按 GB/T 22387、GB 14048.1、GB 14048.2、GB 14048.4 及 GB 16917.1 等标准的规定执行，并应有主要元件的型式试验和出厂试验报告。

6.2.3 剩余电流动作保护器的型式试验应在典型的型式上进行全套试验。对于系列产品或派生产品，应进行相关的型式试验，部分试验项目可引用相应的有效试验报告。

6.2.4 剩余电流动作保护器的型式试验项目应满足表 9 的规定。

表 9　剩余电流动作保护器型式试验项目

序号	试验项目		试验类型	试验要求		
				断路器型	继电器型一体式	继电器型分体式
1	验证剩余电流动作特性		型式试验	√	√	√
2	验证介电性能		型式试验	√	√	√
3	验证脱扣极限和特性		型式试验	√	√	√
4	验证温升		型式试验	√	√	√
5	验证操作性能能力		型式试验	√	√	√
6	验证过载脱扣器		型式试验	√	●	√
7	验证额定运行短路分断能力		型式试验	√	●	—
8	验证剩余短路接通和分断能力		型式试验	√	√	√
9	验证电磁兼容		型式试验	√	√	√
10	验证在额定电压极限值下操作试验装置的动作		型式试验	√	√	√
11	验证在过流条件下的不动作电流的极限值		型式试验	√	√	√
12	验证由于冲击电压引起的浪涌电流的 CBR 抗误脱扣的性能		型式试验	√	√	√
13	验证在接地故障电流包含直流分量的 CBR 的工作状况		型式试验	●	●	●
14	环境试验	高温试验	型式试验	√	√	√
		低温试验	型式试验	√	√	√
		交变湿热试验	型式试验	√	√	√
		严酷气候条件下的试验	特殊试验	●	●	●
15	防护等级试验		型式试验	√	√	√
注："√"表示必做项目，"●"选做项目						

6.2.5 应进行型式试验的条件

出现以下任何一种情况时，应进行型式试验：

a）新试制的产品应进行完整的型式试验；

b) 转厂试制的产品应进行完整的型式试验；

c) 当剩余电流动作保护器的型号或规格变更时，应进行相应项目的型式试验；

d) 当产品在设计、工艺或使用的材料等方面做重大改变时，应进行相应项目的型式试验；

e) 批量生产的产品每隔 5 年或不经常生产的产品（指停止生产间隔 1 年及以上者）再次生产时，应进行全部项目的型式试验；

f) 所有型式试验结果应出具在正式的型式试验报告中。型式试验报告应包括足够证明试品符合本标准及有关标准的资料，也应包括试品应符合的技术文件及图纸资料。型式试验报告还应包括有关试品的主要元件，操动机构或辅助设备的技术性能，结构状况及安装方式的有关资料。

6.3 出厂试验

6.3.1 一般要求：

a) 剩余电流动作保护器出厂试验不应给产品的性能和可靠性带来损害。

b) 每台剩余电流动作保护器必须经出厂试验，合格后方能出厂。

c) 出厂的剩余电流动作保护器均应附有产品合格证、有关出厂试验报告等相应的技术文件。如有协议要求，任一项出厂试验项目可作为对产品的验收内容。

6.3.2 出厂试验应符合 GB 14048.1、GB 14048.2、GB 16916.1、GB 16916.21、GB 16916.22、GB 16917.1、GB 16917.21、GB 16917.22 中的规定。除此之外，还应符合相应产品标准及本标准的规定。

6.3.3 剩余电流动作保护器出厂试验项目见表 10。

表 10　剩余电流动作保护器出厂试验项目

序号	试验项目	试验类型	试验要求
1	外观检查	出厂试验	√
2	验证介电性能	出厂试验	√
3	验证剩余电流动作特性	出厂试验	√
4	验证过载脱扣器	出厂试验	•
5	验证操作性能能力	型式试验	•
6	验证在额定电压极限值下操作试验装置的动作	型式试验	•
注："√"表示必做项目，"•"表示选做项目			

6.4 抽检试验

6.4.1 剩余电流动作保护器应按比例进行抽检试验。抽检试验工作以招标批次为单位，每批的抽检比例宜为招标总数的 0.05％～0.1％。前 10 批宜按 0.1％比例抽取，如产品质量性能稳定且一次抽检合格率在 95％以上，可以将抽检比例降低到 0.05％。当一次抽检合格率降低到 90％以下时应及时将抽检比例提高到 0.3％。最小抽检数量为 1 台。

6.4.2 剩余电流动作保护器抽检试验应提供抽检试验报告等相应的技术文件。剩余电流动作保护器抽检试验应符合 GB 14048.1、GB 14048.2、GB 16916.21、GB 16916.22、GB 16917.21、GB 16917.22 中的规定，还应符合相应产品标准及本标准的规定。

6.4.3 剩余电流动作保护器抽检试验项目应满足表 11 的规定。

表 11　剩余电流动作保护器抽检试验项目

序号	试验项目		试验类型	试验要求
1	验证介电性能		型式试验	√
2	验证剩余电流动作特性		型式试验	√
3	验证过载脱扣器		型式试验	•
4	验证温升		型式试验	•
5	验证剩余短路接通和分断能力		型式试验	•
6	验证电磁兼容		型式试验	√
7	验证在额定电压极限值下操作试验装置的动作		型式试验	√
8	验证在过流条件下的不动作电流的极限值		型式试验	√
9	验证由于冲击电压引起的浪涌电流的 CBR 抗误脱扣的性能		型式试验	√
10	验证接地故障电流包含直流分量的 CBR 的工作状况		型式试验	•
11	环境试验	高温试验	型式试验	√
		低温试验	型式试验	√
		交变湿热试验	型式试验	√
		严酷气候条件下的试验	特殊试验	•
注："√"表示必做项目，"•"表示选做项目				

6.5　投运前试验

由供电企业安排有资质的单位按照表 11 的要求检查。

6.5.1　一般要求

a）剩余电流动作保护器现场交接试验应按 GB 50150—2006 的要求进行；

b）新装或改造配电台区投运前，剩余电流动作保护器应进行交接试验，所有试验结果均应符合产品的技术要求，合格后方能投运。

c）因故障更换的剩余电流动作保护器应按照 DL/T 736—2010 中 8.2 的要求进行试验。

6.5.2 剩余电流动作保护器交接试验项目应满足表 12 的规定。

表 12　剩余电流动作保护器交接试验项目

序号	试验项目	试验类型	试验要求	备　注
1	资料和外观检查	交接试验	√	检查与核实内容：外观、图纸与说明书；所有螺栓及接线的紧固情况等
2	验证工频耐压	交接试验	•	需拆除线路板或仅做外壳、断口
3	测量绝缘电阻	交接试验	√	
4	机械操作试验	交接试验	√	
5	功能检查	交接试验	√	根据试验装置的功能确定试验项目

注："√"表示必做项目，"•"表示选做项目

6.6　试验方法及要求

6.6.1　验证剩余电流动作特性。按 GB 14048.2—2008 中 B.8.2，并满足本标准中表 2～表 7 的要求。

6.6.2　验证介电性能。按 GB 14048.1—2012 中 8.3.3.4，并满足本标准中表 2～表 7 的要求。

6.6.3　验证脱扣极限和特性。按 GB 14048.2—2008 中 8.3.3.1，并满足本标准中表 2～表 7 的要求。

6.6.4　验证温升。按 GB 14048.1—2012 中 8.3.3.3，并满足本标准中表 2～表 7 的要求。

6.6.5　验证操作性能能力。按 GB 14048.2—2008 中 8.3.3.3.3，并满足本标准中表 2～表 7 的要求。

6.6.6　验证过载脱扣器。按 GB 14048.2—2008 中 8.3.3.7，并满足本标准中表 2～表 7 的要求。

6.6.7　验证额定运行短路分断能力。按 GB 14048.2—2008 中 8.3.4，并满足本标准中表 2～表 7 的要求。

6.6.8　验证剩余短路接通和分断能力。按 GB 14048.2—2008 中 B.8.10，并满足本标准中表 2～表 7 的要求。

6.6.9　验证电磁兼容。过电流脱扣器按 GB 14048.2—2008 中附录 F，剩余电流脱扣器按 GB 14048.2—2008 中 B.8.12 的规定执行。

6.6.10　验证在额定电压极限值下操作试验装置的动作，按 GB 14048.2—2008 中 B.8.4 的规定执行。

6.6.11　验证在过流条件下的不动作电流的极限值，按 GB 14048.2—2008 中 B.8.5 的规定执行。

6.6.12　验证由于冲击电压引起的浪涌电流的 CBR 抗误脱扣的性能，按 GB 14048.2—2008 中 B.8.6 的规定执行。

6.6.13　验证在接地故障电流包含直流分量的 CBR 的工作状况，按 GB

14048.2—2008 中 B.8.7 的规定执行。

6.6.14 环境试验

a) 高温试验。按 GB/T 2423.2—2008，高温温度见 4.2.1，为＋75℃ 或 ＋60℃。

b) 低温试验。按 GB/T 2423.1—2008，低温温度见 4.2.1，为—40℃ 或 —25℃。

c) 交变湿热试验。按 GB/T 2423.4—2008，试验方法 Db。

d) 严酷气候条件下的试验。试验方法可参考高温试验和低温试验，根据剩余电流动作保护器的实际运行环境，确定具体试验条件。

6.6.15 防护等级试验。按 GB 14048.1—2012 中 8.2.3 的规定执行。

6.6.16 机械操作试验。按 GB 14048.2—2008 中 8.3.3.3 的规定执行。

7 标志、包装、运输、贮存要求

7.1 剩余电流动作保护器的包装应符合 GB/T 13384—2008 规定。所需的备品备件及专用工具应单独装箱并装在包装箱内，在箱上注明"专用工具"，以与本体相区别；并标明"防尘""防潮""防止损坏""易碎""向上""勿倒"等字样，同主设备一并发运。

7.2 随包装提供的资料至少应包括以下内容：

a) 装箱清单；

b) 产品合格证书；

c) 产品出厂试验报告（纸质或提供电子版集中报告）；

d) 产品安装使用说明书；

e) 操动机构说明书（如有）；

f) 备品备件等清单（如有）。

7.3 剩余电流动作保护器内部结构应在经过正常铁路、公路及水路运输后相互位置不变，紧固件不得松动；所有组、部件以及出厂资料不损坏和不受潮，批量运输时，应使用防撞装置。

7.4 剩余电流动作保护器应贮存在干燥通风、无污染、无振动、无化学腐蚀性的室内，贮存的环境温度应符合产品技术条件及相关标准规定。

附 录 A
（资料性附录）
剩余电流动作保护器的主要材料材质及规格要求

A.1 剩余电流动作保护器的主要材料及规格要求

为确保剩余电流动作保护器的产品质量，保护器的外壳、动触头及静触头的规格型号及外形尺寸可参考附录表 A.1。

表 A.1 剩余电流动作保护器的主要材料材质及规格要求

序号	元/部件名称	元件/材料名称	型号规格/牌号	外形尺寸
1	一体式装置外壳（机座，盖，手柄、顶盖）顶盖	机座、盖	材料性能不低于：不饱和聚酯玻璃纤维增强模塑料（DMC）等	不饱和聚酯玻璃纤维增强模塑料（DMC）的外围壳体最薄处厚度为：壳架电流 400A 以下≥1.5mm，400A 及以上≥2mm；采取其他材料时强度及性能不低于上述要求
		顶盖	材料性能不低于：丙烯晴丁二烯苯乙烯共聚物（ABS）或不饱和聚酯玻璃纤维增强模塑料（DMC）等	丙烯晴丁二烯苯乙烯共聚物（ABS）或不饱和聚酯玻璃纤维增强模塑料（DMC）的外围壳体最薄处厚度为：壳架电流 400A 以下≥1mm，400A 及以上≥1.5mm；采取其他材料时强度及性能不低于上述要求
2	分体式装置外壳（机座，盖，手柄、顶盖）	机座、盖、顶盖	材料性能不低于：丙烯晴丁二烯苯乙烯共聚物（ABS）等	丙烯晴丁二烯苯乙烯共聚物（ABS）的外围壳体最薄处厚度：≥1.5mm；采取其他材料时强度及性能不低于上述要求
3	动触头	银钨合金（强压接触方式）	AgW（银含量≥45%）	尺寸（面积×厚）： 100A：≥30mm² × 1.5mm；160A：≥30mm²×1.5mm 250A：≥40mm² × 1.5mm；400A：≥55mm²×2.0mm
		银氧化镉（电磁吸合接触方式）	AgCdO（银含量≥85%）	尺寸（面积×厚）： 100A：≥55mm² × 1.5mm；160A：≥65mm²×1.5mm 250A：≥110mm² × 1.5mm；400A：≥170mm²×2.0mm

序号	元/部件名称	元件/材料名称	型号规格/牌号	外形尺寸
4	静触头	银碳化钨（强压接触方式）	AgWCC（银含量≥85％）	尺寸：（面积×厚） 100A：≥30mm²×1.5mm；160A：≥30mm²×1.5mm 250A：≥40mm²×1.5mm；400A：≥55mm²×2.0mm
		银氧化镉（电磁吸合方式）	AgCdO（银含量≥85％）	尺寸：（面积×厚） 100A：≥60mm²×1.5mm；160A：≥70mm²×1.5mm 250A：≥120mm²×1.5mm；400A：≥170mm²×2.0mm
5	主回路载流铜导线	铜导线：紫铜	Cu	尺寸：（面积） 100A：≥20mm²；160A：≥30mm² 250A：≥40mm²；400A：≥55mm²
6	主回路进出线铜排	铜排：紫铜	Cu	尺寸：（厚×宽） 100A：≥4mm×10mm；160A：≥5mm×15mm 250A：≥6mm×20mm；400A：≥6mm×30mm

附录三　剩余电流动作保护器通信规约

1　范围

本标准规定了剩余电流动作保护器与其他从站之间的物理连接、通信链路及应用技术规范。

本标准适用于支持剩余电流动作保护器与其他从站进行点对点或一主多从的数据交换方式的通信组网系统中。也适用于其他具有通信功能的剩余电流动作保护装置。

2　规范性引用文件

下列文件对于本文件的应用是必不可少的。凡是注日期的引用文件，仅注日期的版本适用于本文件。凡是不注日期的引用文件，其最新版本（包括所有的修改单）适用于本文件。

GB/Z 6829—2008　剩余电流动作保护器的一般要求

GB 14048.2—2008　低压开关设备和控制设备　第二部分：断路器

GB/T 22387—2008　剩余电流动作继电器

DL/T 645—2007　多功能电能表通信协议

DL/T 736—2010　农村电网剩余电流动作保护器安装运行规程

3　术语和定义

下列术语和定义适用于本标准，本标准中的涉及电力部分的相关术语遵照GB/Z 6829—2008 和 GB 14048.2—2008。

3.1

剩余电流动作保护器（RCD）residual current device

在正常运行条件下能接通承载和分断电流，以及在规定条件下当剩余电流达到规定值时能使触头断开的机械开关电器或组合电器。

3.2

数据终端设备（DTE）data terminal equipment

具有作为数据源、数据宿或者两者兼备，并能按照某一链路协议来完成数据交换控制的功能单元。

3.3

主站　master station

具有选择从站并与从站进行信息交换功能的设备。本标准中指数据终端设备。

3.4

从站 slave station

预期从主站接收信息并与主站进行信息交换的设备。本标准中指剩余电流动作保护器的通信功能单元。

3.5

总线 bus

连接主站与多个从站并允许主站每次只与一个从站通信的系统连接方式（广播命令除外）。

3.6

半双工 half-duplex

在双向通道中，双向交替进行、一次只在一个方向（而不是同时在两个方向）传输信息的一种通信方式。

3.7

物理层 physical layer

规定了主站与从站之间的物理接口、接口的物理和电气特性，负责物理媒体上信息的接收和发送。

3.8

数据链路层 data-link layer

负责主站与从站之间通信链路的建立并以帧为单位传输信息，保证信息的顺序传送，具有传输差错检测功能。

3.9

应用层 application layer

利用数据链路层的信息传递功能，在主站与从站之间发送、接收各种数据信息。

4 规约结构

本标准按照通信需求分为物理层，数据链路层和应用层三部分，如图 1 所示。

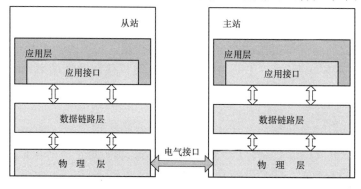

图 1 规约结构图

215

本标准中，应用层根据剩余电流动作保护器功能要求的差别，将应用层的标识码分为三类，分别是基本功能类，增强功能类和扩展功能类。详细内容参考附录 A。

5 物理层

5.1 物理层的接口类型

物理层接口默认为 RS-485 串行电气接口。也可采用其他方式的电气接口，方便数据交换网络的建设。

5.2 RS-485 标准串行电气接口

RS-485 标准串行电气接口的一般性能应符合下列要求：

——驱动与接收端耐静电放电（ESD）±15kV（人体模式）；

——共模输入电压：$-7V\sim+12V$；

——差模输入电压：大于 0.2V；

——驱动输出电压：在负载阻抗 54Ω 时，最大 5V，最小 1.5V；

——三态方式输出；

——半双工通信方式；

——驱动能力不小于 16 个同类接口；

——缺省速率：2400bit/s，在通信速率不大于 100kbit/s 条件下，有效传输距离不小于 1200m；

——总线是无源的，从站应为总线上通信的接口器件提供所需要的隔离电源。

5.3 物理层的其他电气接口

采用其他电气接口（低压电力线载波、微功率无线、以太网、无线专网等）组网通信时，主站和从站之间的数据交换，应遵循本标准的规定。

6 数据链路层

6.1 通信方式

本标准为主－从结构的半双工通信方式。每个从站均有各自的地址编码。通信链路的建立与解除均由主站发出的信息帧来控制。每帧由帧起始符、从站地址域、控制码、数据域长度、数据域、帧信息纵向校验码及帧结束符 7 个域组成。每部分由若干字节组成。

6.2 字节格式

每字节含 8 位二进制码，传输时加上一个起始位（0）、一个偶校验位和一个停止位（1），共 11 位。其传输序列如图 2 所示。D0 是字节的最低有效位，D7 是字节的最高有效位。先传低位，后传高位。

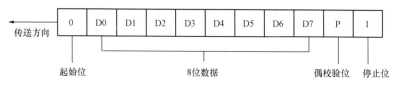

图 2　字节传输序列

6.3　帧格式

6.3.1　帧格式的数据构成

帧是传送信息的基本单元。帧格式如图 3 所示。

说　　明	代　　码
帧起始符	68H
地址域	A0
	A1
	A2
	A3
	A4
	A5
帧起始符	68H
控制码	C
数据域长度	L
数据域	DATA
校验码	CS
结束符	16H

图 3　帧格式

6.3.2　帧起始符 68H

标识一帧信息的开始，其值为 68H＝01101000B。

6.3.3　地址域 A0～A5

地址域由 6 个字节构成，每字节 2 位 BCD 码，地址长度可达 12 位十进制数。每个从站具有唯一的通信地址，且与物理层信道无关。当使用的地址码长度不足 6 字节时，高位用"0"补足 6 字节。

通信地址 999999999999H 为广播地址，只针对特殊命令有效，如广播校时、广播冻结等。广播命令不要求从站应答。

地址域支持缩位寻址，即从若干低位起，剩余高位补 AAH 作为通配符进行读操作，从站应答帧的地址域返回实际通信地址。

地址域传输时低字节在前，高字节在后。

6.3.4 控制码 C

控制码的格式如图 4 所示。

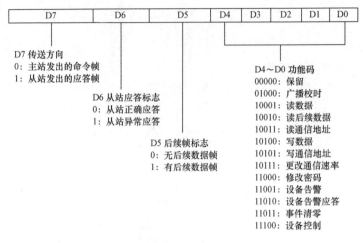

图 4 控制码

6.3.5 数据域长度 L

L 为数据域的字节数。读数据时 L≤200，写数据时 L≤50，L＝0 表示无数据域。

6.3.6 数据域 DATA

数据域包括数据标识、密码、操作者代码、数据、帧序号等，其结构随控制码的功能而改变。传输时发送方按字节进行加 33H 处理，接收方按字节进行减 33H 处理。

6.3.7 校验码 CS

从第一个帧起始符开始到校验码之前的所有各字节的模 256 的和，即各字节二进制算术和，不计超过 256 的溢出值。

6.3.8 结束符 16H

标识一帧信息的结束，其值为 16H＝00010110B。

6.4 传输

6.4.1 前导字节

在主站发送帧信息之前，先发送 4 个字节 FEH，以唤醒接收方。

6.4.2 传输次序

所有数据项均先传送低位字节，后传送高位字节。数据传输的举例：电流值为 34567.8A，其传输次序如图 5 所示。

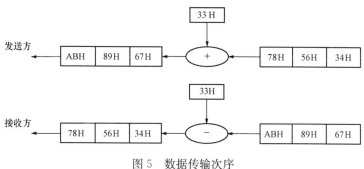

图 5　数据传输次序

6.4.3　传输响应

每次通信都是由主站向按信息帧地址域选择的从站发出请求命令帧开始，被请求的从站接收到命令后作出响应。

收到命令帧后的响应延时 T_d：$20ms{\leqslant}T_d{\leqslant}500ms$。

字节之间停顿时间　　　T_b：$T_b{\leqslant}500ms$。

6.4.4　差错控制

字节校验为偶校验，帧校验为纵向信息校验和，接收方无论检测到偶校验出错或纵向信息校验和出错，均放弃该信息帧，不予响应。

6.4.5　通信速率

标准速率：600bit/s，1200bit/s，2400bit/s，4800bit/s，9600bit/s，19200bit/s。默认波特率：2400bit/s。

通信速率特征字见附录B，特征字的各位不允许组合使用，修改通信速率时特征字仅在 Bit0～Bit7 一个二进制位为 1 时有效。

通信速率的变更，首先由主站向从站发变更速率请求，从站发确认应答帧或否认应答帧。收到从站确认帧后，双方以确认的新速率进行以后的通信，并在通信结束后保持更改速率不变。

7　数据标识

7.1　数据标识结构

数据标识编码用四个字节区分不同数据项，四字节分别用 DI3、DI2、DI1 和 DI0 代表，每字节采用十六进制编码。数据类型分为六类：当前变量、累计记录、最大值记录、事件记录、参数变量、控制指令。数据标识具体定义见附录A。

7.2　数据传输形式

数据标识码标识单个数据项或数据项集合。单个数据项可以用附录 A 中对应数据项的标识码唯一的标识。当请求访问由若干数据项组成的数据集合时，可使用数据块标识码。实际应用以数据标识编码表定义内容为准。

7.2.1 数据项、数据块

7.2.1.1 数据项

除特殊说明的数据项以 ASCII 码表示外，其他数据项均采用压缩 BCD 码表示。

7.2.1.2 数据块

数据标识 DI2、DI1、DI0 中任意一字节取值为 FFH 时（其中 DI3 不存在 FFH 的情况），代表该字节定义的所有数据项与其他 3 字节组成的数据块。

8 应用层

8.1 读数据

8.1.1 主站请求帧

- 功能：请求读参数数据
- 控制码：C＝11H
- 数据域长度：L＝04H
- 帧格式：

图 6 主站请求帧

8.1.2 从站正常应答帧

- 控制码：C＝91H 无后续数据帧；C＝B1H 有后续数据帧。
- 数据域长度：L＝04H ＋ m（数据长度）
- 帧格式：

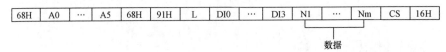

注：如果没有满足条件的参数记录，从站按正常应答帧格式返回（数据域只有数据标识，数据域长度为4）。

图 7 从站正常应答帧

8.1.3 从站异常应答帧

- 控制码：C＝D1H

- 数据域长度：L=01H
- 帧格式：

68H	A0	…	A5	68H	D1H	01H	ERR	CS	16H

错误信息字

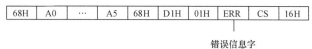

注：错误信息字ERR见附录B3.2。

图 8　从站异常应答帧

8.2　读后续数据

8.2.1　主站请求帧

- 功能：请求读后续数据
- 控制码：C=12H
- 数据域长度：L=05H
- 帧格式：

68H	A0	…	A5	68H	12H	05H	DI0	…	DI3	SEQ	CS	16H

帧序号

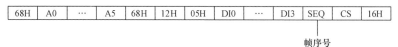

读后续数据时，为防止误传、漏传，请求帧、应答帧都要加帧序号SEQ。请求帧的帧序号从1开始进行加一计数，应答帧的帧序号要与请求帧相同。帧序号占用一个字节，计数范围为1～255。

图 9　主站读后续帧

8.2.2　从站正常应答帧

- 控制码：C=92H 无后续数据帧；C=B2H 有后续数据帧。
- 数据域长度：L=05H + m（数据长度）
- 帧格式：

无后续数据：

68H	A0	…	A5	68H	92H	L	DI0	…	DI3	N1	…	Nm	SEQ	CS	16H

有后续数据：

68H	A0	…	A5	68H	B2H	L	DI0	…	DI3	N1	…	Nm	SEQ	CS	16H

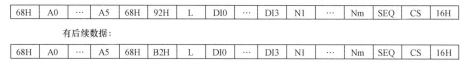

图 10　从站正常应答帧

8.2.3　从站异常应答帧

- 控制码：C=D2H
- 数据域长度：L=01H
- 帧格式：

68H	A0	…	A5	68H	D2H	01H	ERR	CS	16H

图 11　从站异常应答帧

8.3 写数据

8.3.1 主站请求帧

- 功能：主站向从站请求设置数据（或编程）
- 控制码：C＝14H
- 数据域长度：L＝04H(标识码)＋04H(密码)＋04H(操作者代码)＋m (数据长度)
- 数据域：DI0DI1DI2DI3 ＋ PAP0P1P2 ＋ C0C1C2C3 ＋ DATA

  式中：

  P0P1P2——密码，PA 表示该密码权限。

  C0C1C2C3——操作者代码，为要求记录操作人员信息的项目提供数据。

- 帧格式：

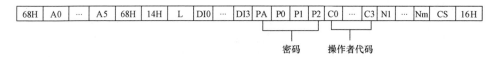

图 12　主站写数据请求帧

8.3.2 从站正常应答帧

- 控制码：C＝94H
- 数据域长度：L＝00H
- 帧格式：

68H	A0	…	A5	68H	94H	00H	CS	16H

图 13　从站正常应答帧

8.3.3 从站异常应答帧

- 控制码：C＝D4H
- 数据域长度：L＝01H
- 帧格式：

68H	A0	…	A5	68H	D4H	01H	ERR	CS	16H

图 14　从站异常应答帧

8.4 读通信地址

8.4.1 主站请求帧

- 功能：请求读从站通信地址，仅支持点对点通信。
- 地址域：AA…AAH

- 控制码：C＝13H
- 数据域长度：L＝00H
- 帧格式：

| 68H | AAH | … | AAH | 68H | 13H | 00H | CS | 16H |

图15　主站读通信地址请求帧

8.4.2　从站正常应答帧
- 控制码：C＝93H
- 数据域长度：L＝06H
- 帧格式：

| 68H | A0 | … | A5 | 68H | 93H | 06H | A0 | … | A5 | CS | 16H |

图16　从站正常应答帧

8.5　写通信地址
8.5.1　主站请求帧
- 功能：设置某从站的通信地址，跟按键结合使用。
- 控制码：C＝15H
- 地址域：AA…AAH
- 数据域长度：L＝06H
- 数据域：A0…A5（通信地址）
- 帧格式：

| 68H | AAH | … | AAH | 68H | 15H | 06H | A0 | … | A5 | CS | 16H |

图17　主站写通信地址请求帧

8.5.2　从站正常应答帧
- 功能：按下"设置"键，否则不处理不应答。
- 控制码：C＝95H
- 地址域：A0…A5（新设置的通信地址）
- 数据域长度：L＝00H
- 帧格式：

| 68H | A0 | … | A5 | 68H | 95H | 00H | CS | 16H |

图18　从站正常应答帧

8.5.3　从站异常应答帧
- 控制码：C＝D5H

223

- 地址域：A0…A5（原通信地址）
- 数据域长度：L＝01H
- 帧格式：

| 68H | A0 | … | A5 | 68H | D5H | 01H | ERR | CS | 16H |

图 19　从站异常应答帧

8.6　广播校时

8.6.1　主站请求帧：

- 功能：强制从站与主站时间同步。
- 控制码：C＝08H
- 数据域长度：L＝06H
- 数据域：YYMMDDhhmmss（年．月．日．时．分．秒）
- 帧格式：

| 68H | 99H | … | 99H | 68H | 08H | 06H | ss | mm | hh | DD | MM | YY | CS | 16H |
| | | | | | | | 秒 | 分 | 时 | 日 | 月 | 年 | | |

图 20　主站广播校时请求帧

8.6.2　从站不要求应答

8.7　更改通信速率

8.7.1　主站请求帧

- 功能：更改从站当前通信速率为其他标准速率
- 控制码：C＝17H
- 数据域长度：L＝01H
- 数据域：通信速率特征字 Z，正常应答帧中的 Z 与请求帧中的 Z 必须相同，通信特征字见附录 B：B.3 节。
- 帧格式：

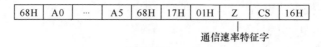

| 68H | A0 | … | A5 | 68H | 17H | 01H | Z | CS | 16H |

通信速率特征字

图 21　主站通信速率更改请求帧

8.7.2　从站正常应答帧

- 控制码：C＝97H
- 数据域长度：L＝01H
- 帧格式：

| 68H | A0 | … | A5 | 68H | 97H | 01H | Z | CS | 16H |

图 22　从站正常应答帧

8.7.3 从站异常应答帧

- 控制码：C＝D7H
- 数据域长度：L＝01H
- 帧格式：

68H	A0	…	A5	68H	D7H	01H	ERR	CS	16H

图 23 从站异常应答帧

8.8 修改密码
8.8.1 主站请求帧

- 功能：修改从站密码设置
- 控制码：C＝18H
- 数据域长度：L＝10H
- 数据域：DI0DI1DI2DI3＋PA0P00P10P20＋PANP0NP1NP2N

  式中：

  PA0P00P10P20——原密码或更高权限的密码，PA0 表示该密码权限。

  PANP0NP1NP2N——新密码或需设置的密码，PAN 为新密码的权限。

  PA0、PAN——取值范围为 00～02，00 为最高权限，数值越大权限越低。

- 帧格式：

68H	A0	…	A5	68H	18H	0CH	DI0	…	DI3	PA0	P00	P10	P20	PAN	P0N	P1N	P2N	CS	16H

图 24 主站密码修改请求帧

8.8.2 从站正常应答帧

- 控制码：C＝98H
- 数据域长度：L＝04H
- 数据域：PANP0NP1NP2N（新编入的权限及密码）
- 帧格式：

68H	A0	…	A5	68H	98H	04H	PAN	P0N	P1N	P2N	CS	16H

图 25 从站正常应答帧

8.8.3 从站异常应答帧

- 控制码：C＝D8H
- 数据域长度：L＝01H
- 帧格式：

68H	A0	…	A5	68H	D8H	01H	ERR	CS	16H

图 26 从站异常应答帧

225

8.9 异常告警

8.9.1 从站主动发起告警或从站应答主站查询请求帧

- 功能：从站主动向主站发起告警，要求主站按 8.9.3 做回应。
- 控制码：C=99H
- 数据域长度：L=0BH
- 数据域：具体数据格式详见附录 A 中表 A.3.1。
- 帧格式：

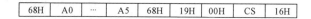

| 68H | A0 | … | A5 | 68H | 99H | 0BH | D0 | … | Dn | CS | 16H |

图 27 从站告警上传帧

8.9.2 主站对从站告警的查询请求帧

- 控制码：C=19H
- 数据域长度：L=00H
- 帧格式：

| 68H | A0 | … | A5 | 68H | 19H | 00H | CS | 16H |

图 28 主站查询从站告警帧

8.9.3 主站对异常告警的应答帧

- 控制码：C=1AH
- 数据域长度：L=00H
- 帧格式：

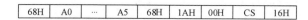

| 68H | A0 | … | A5 | 68H | 1AH | 00H | CS | 16H |

图 29 主站应答从站告警帧

8.9.4 异常告警的方式

- 从站的异常告警状态可以通过两种方式获得，一是按照 8.9.2 规定的帧格式主站发起查询，从站按照 8.9.1 规定的帧格式返回参数。二是从站按照 8.9.1 规定的帧格式主动向主站发起告警上传信息，主站收到从站上传的数据后按照 8.9.3 规定的帧格式做出应答。
- 使用本标准中 5.2 规定的硬件接口进行一主多从通信时，建议通过主站查询方式获取剩余电流动作保护器异常告警信息。不建议使用从站主动发起告警方式。

226

- 异常告警流程图:

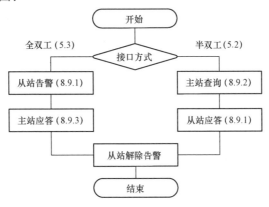

图 30　异常告警流程图

8.10　数据清零

8.10.1　主站请求帧

- 功能：清空从站内的全部或某类事件记录数据，事件清零和设备清零记录不允许清空。
- 控制码：C＝1BH
- 数据域长度：L＝0CH
- 数据域：事件总清零 PA0P00P10P20＋C0C1C2C3＋FFFFFFFF；
  分项事件清零 PA0P00P10P20＋C0C1C2C3＋事件记录数据标识
  （DI0 用 FF 表示）
- 帧格式：事件总清零

68H	A0	…	A5	68H	1BH	0CH	PA	P0	P1	P2	C0	…	C3	FFH	FFH	FFH	FFH	CS	16H

- 帧格式：分项事件清零

68H	A0	…	A5	68H	1BH	0CH	PA	P0	P1	P2	C0	…	C3	FFH	DI1	DI2	DI3	CS	16H

图 31　主站数据清零请求帧

8.10.2　从站正常应答帧

- 控制码：C＝9BH
- 数据域长度：L＝00H
- 帧格式：

68H	A0	…	A5	68H	9BH	00H	CS	16H

图 32　从站正常应答帧

8.10.3　从站异常应答帧

- 控制码：C＝DBH

227

- 数据域长度：L＝01H
- 帧格式：

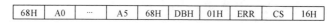

| 68H | A0 | … | A5 | 68H | DBH | 01H | ERR | CS | 16H |

图 33　从站异常应答帧

8.11　控制指令

8.11.1　主站请求帧

- 功能：主站向从站请求动作控制。
- 控制码：C＝1CH
- 数据域长度：L ＝04H（标识码）＋04H（密码）＋04H（操作者代码）＋m 数据
- 数据域：DI0DI1DI2DI3＋PAP0P1P2＋C0C1C2C3＋DATA
- 帧格式：

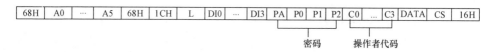

| 68H | A0 | … | A5 | 68H | 1CH | L | DI0 | … | DI3 | PA | P0 | P1 | P2 | C0 | … | C3 | DATA | CS | 16H |

图 34　主站控制请求帧

8.11.2　从站正常应答帧

- 控制码：C＝9CH
- 数据域长度：L＝00H
- 帧格式：

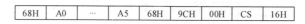

| 68H | A0 | … | A5 | 68H | 9CH | 00H | CS | 16H |

图 35　从站正常应答帧

8.11.3　从站异常应答帧

- 控制码：C＝DCH
- 数据域长度：L＝01H
- 帧格式：

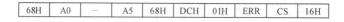

| 68H | A0 | … | A5 | 68H | DCH | 01H | ERR | CS | 16H |

图 36　从站异常应答帧

228

附 录 A

（规范性附录）

标 识 码

A.1 数据格式说明

A.1.1 ×××.×代表存储值或当前值数位和小数位；NNN.N代表整定的参数整数位和小数位；AA代表ASCII码；YY代表年；MM代表月；DD代表日；WW代表星期；hh代表时；mm代表分钟；ss代表秒；

A.1.2 参数记录项中，无效的功能项或字节，均以FF表示。

A.1.3 功能类型："空白"表示基本型；"＊"表示增强型，增强型包含基本型；"＊＊"表示扩展型，扩展型包含增强型。基本型是指具有剩余电流动作保护的基本功能，增强型是指在基本型基础上增加的其他保护等功能，扩展型是指在增强型基础上增强更加详细的参数记录功能。

A.1.4 本标准中的相位以Bit的方式表示：Bit0-A相；Bit1-B相；Bit2-C相。其他位无效。

A.1.5 本标准中涉及的参数应用于单极（单相）式保护器时，所有参数项均作为A相数据处理。B、C相数据无效。

A.2 数据标识编码

数据标识编码参见表A.2.1～表A.2.6。

表 A.2.1 当前变量

序号	标识码				数据格式	长度	码制	单位	功能		名称	功能类型
	DI3	DI2	DI1	DI0					读	写		
1	02	01	01	00	×××.×	2	BCD	V	＊		当前A相电压值	＊
			02		×××.×	2	BCD	V	＊		当前B相电压值	＊
			03		×××.×	2	BCD	V	＊		当前C相电压值	＊
			FF			6	BCD		＊		当前A、B、C三相电压值	＊
2	02	02	01	00	×××××.×	3	BCD	A	＊		当前A相电流值	
			02		×××××.×	3	BCD	A	＊		当前B相电流值	
			03		×××××.×	3	BCD	A	＊		当前C相电流值	
			FF			9	BCD		＊		当前A、B、C三相电流值	

序号	标识码				数据格式	长度	码制	单位	功能		名称	功能类型
	DI3	DI2	DI1	DI0					读	写		
3	02	90	00	00	××	1	BCD		*		当前剩余电流最大相	
			01		××××	2	BCD	mA	*		当前剩余电流值	
			FF			3	BCD		*		当前剩余电流最大相及剩余电流值	
4	02	91	01	00	××××	2	BCD	mA	*		当前额定剩余电流动作值	
			02		××××	2	BCD	ms	*		当前额定极限不驱动时间	
			FF						*		当前额定剩余电流动作值、额定极限不驱动时间	

表 A.2.2 累计记录

序号	标识码				数据格式	长度	码制	单位	功能		名　称	功能类型
	DI3	DI2	DI1	DI0					读	写		
5	03	30	01	00	××××××	3	BCD	次	*		数据清零总次数	
6	03	81	00	00	××××	2	BCD	次	*		总跳闸次数	
				01	××××	2	BCD	次	*		闭锁性跳闸次数	
				02	××××	2	BCD	次	*		剩余电流保护跳闸次数	*
				03	××××	2	BCD	次	*		电流保护跳闸次数	*
				04	××××	2	BCD	次	*		电压保护跳闸次数	*
				05	××××	2	BCD	次	*		手动闭锁跳闸次数	*
				06	××××	2	BCD	次	*		缺零保护跳闸次数	*
				07	××××	2	BCD	次	*		试验跳闸次数（定时、远程、按键）	*
				FF					*		跳闸次数参数模块	*
7	03	81	01	01	××××	2	BCD	次	*		退出剩余电流保护次数	
			02	01	××××××××	4	BCD	分	*		保护器运行时间总累计	
数据清零次数和保护器运行时间总累计参数不允许清零												

表 A.2.3 最大值、最小值记录

序号	标识码				数据格式	长度	码制	单位	功能		名 称	功能类型
	DI3	DI2	DI1	DI0					读	写		
8	03	82	00	01 … 1E	表 A.3.2	9		mA	*		当日……上7日 剩余电流最大相、最大值 及发生的时刻	
	03	82	01	01 … 1E	表 A.3.3	8		V	*		当日……上29日 A 相最大电压及发生的 时刻	*
	03	82	02	01 … 1E	表 A.3.3	8		V	*		当日……上29日 B 相最大电压及发生的 时刻	*
	03	82	03	01 … 1E	表 A.3.3	8		V	*		当日……上29日 C 相最大电压及发生的 时刻	*
	03	82	04	01 … 1E	表 A.3.4	9		A	*		当日……上7日 A 相最大电流及发生的 时刻	
	03	82	05	01 … 1E	表 A.3.4	9		A	*		当日……上7日 B 相最大电流及发生的 时刻	
	03	82	06	01 … 1E	表 A.3.4	9		A	*		当日……上7日 C 相最大电流及发生的 时刻	
9	03	83	00	01 … 1E	表 A.3.2	9		mA	*		当日……上29日 剩余电流最大相,最小值 及发生的时刻	* *
	03	83	01	01 … 1E	表 A.3.3	8		V	*		当日……上29日 A 相最小电压及发生的 时刻	* *
	03	83	02	01 … 1E	表 A.3.3	8		V	*		当日……上29日 B 相最小电压及发生的 时刻	* *
	03	83	03	01 … 1E	表 A.3.3	8		V	*		当日……上29日 C 相最小电压及发生的 时刻	* *
	03	83	04	01 … 1E	表 A.3.4	9		A	*		当日……上29日 A 相最小电流及发生的 时刻	* *
	03	83	05	01 … 1E	表 A.3.4	9		A	*		当日……上29日 B 相最小电流及发生的 时刻	* *
	03	83	06	01 … 1E	表 A.3.4	9		A	*		当日……上29日 C 相最小电流及发生的 时刻	* *

注: 表 A.2.3 中,功能类型为"空白"标注的,增强型功能项中可记录最近30日的记录

表 A.2.4　事件记录

序号	标识码				数据格式	长度	码制	单位	功能		名　　称	功能类型
	DI3	DI2	DI1	DI0					读	写		
10	03	88	00	01 …… 0A	表 A.3.5	15			*		上 1 次 …… 上 10 次 剩余电流超限事件记录	
11	03	8D	00	01 …… 0A	表 A.3.6	23			*		上 1 次 …… 上 10 次 保护器自检事件记录	
12	03	8E	00	01 …… 0A	表 A.3.7	22			*		上 1 次 …… 上 10 次 保护器跳闸事件记录	
13	03	8F	00	01 …… 0A	表 A.3.8	12			*		上 1 次 …… 上 10 次 剩余电流报警事件记录	
14	03	90	00	00 …… FF	表 A.3.9	9			*		上 1 次 …… 上 256 次 剩余电流记录（参见附录 C）	*
15	03	90	00	01 00 …… FF	表 A.3.9	9			*		上 257 次 …… 上 512 次 剩余电流记录（参见附录 C）	**

表 A.2.5　参数变量

序号	标识码				数据格式	长度	码制	单位	功能		名称	功能类型
	DI3	DI2	DI1	DI0					读	写		
16	04	00	01	01	YYMMDDWW	4	BCD	年月日周	*	*	当前日期	
				02	hhmmss	3	BCD	时分秒	*	*	当前时间	
17	04	00	04	01	NNNNNNNNNNNN	6	BCD		*	*	通信地址	
				02	NNNNNNNNNNNN	6	BCD		*	*	设备号	
				03	AA…AA	32	ASCII		*	*	资产管理编码	
				04	AA…AA	6	ASCII	V	*		额定电压	
				05	AA…AA	6	ASCII	A	*		额定电流/基本电流（I_n）	
				06	AA…AA	6	ASCII	A	*		最大（壳架）电流（I_{nm}）	
				0B	AA…AA	10	ASCII		*		设备型号	
				0C	AA…AA	10	ASCII		*		生产日期	

序号	标识码				数据格式	长度	码制	单位	功能		名称	功能类型
	DI3	DI2	DI1	DI0					读	写		
17	04	00	04	0D	AA…AA	16	ASCII		*		协议版本号	
				0E	AA…AA	24	ASCII		*		厂家工厂代码	
				0F	AA…AA	32	ASCII		*		厂家固件版本号	
				10	AA…AA	32	ASCII		*		厂家硬件版本号	
				11	NN…NN	20	BCD	mA	*	*	额定剩余电流动作值参数组①	
				12	NN…NN	10	BCD	ms	*	*	额定极限不驱动时间参数组②	
				13	NN…NN	10	BCD	ms	*	*	额定分断时间参数组	
				14	AA…AA	24	ASCII		*		自动重合闸时间范围	
				15	AA…AA	24	ASCII		*		剩余电流动作特性（A型或AC型）	
18	04	00	05	01	××	1	BIN		*		运行状态字1③	
				02	××	1	BIN		*		运行状态字2③	
				FF					*		运行状态字参数块③	
19	04	00	07	03	NN	1	BIN*		*	*	通信波特率特征字（0～9）	
20	04	00	0C	01	NNNNNNNN	4	BCD			*	0级密码	
				02	NNNNNNNN	4	BCD			*	1级密码	
				03	NNNNNNNN	4	BCD			*	2级密码	
21	04	00	10	01	NN	1	BIN		*	*	控制字1③	
				02	NN	1	BIN		*	*	控制字2③	
				03	NN	1	BIN		*	*	控制字3③	
				04	NN	1	BIN		*	*	控制字4③	
				05	NN	1	BIN		*	*	控制字5③	
				FF	NNNNNNNN		BIN		*	*	控制字参数块③	

序号	标识码				数据格式	长度	码制	单位	功能		名称	功能类型
	DI3	DI2	DI1	DI0					读	写		
22	04	00	11	01	NNNN	2	BCD	mA	*	*	剩余电流超限报警整定值	
				02	NNNN	1	BCD	mA	*	*	剩余电流记录变化差值整定值（10～99）	
				03	NNNN	1	BCD	分	*	*	剩余电流记录间隔时间整定值（01～99）	
				FF					*	*	剩余电流整定参数块	
23	04	00	12	01	DDhhmm	3	BCD		*	*	定时试跳整定时间	
				FF					*	*	定时试跳设整定参数块	
24	04	00	13	01	NNN.N	2	BCD	V	*	*	过电压整定值	
				02	NNN.N	2	BCD	V	*	*	欠电压整定值	
				03	NNN.N	2	BCD	V	*	*	断相电压整定值	
				FF					*	*	电压整定参数块	
25	04	00	14	01	NNNNN.N	3	BCD	A	*	*	额定电流整定值	
				02	NN	1	BCD		*	*	电流超限报警整定值（×0.1I_n）	
				FF					*	*	电流整定参数块	

注①：额定剩余电流动作值参数组；根据附录B.2.4表的剩余电流动作值档位对应的档位参数。
如：保护器有6档时，前面的12个字节分别对应1～6档的动作电流值，后面8字节填FF表示无效。

注②：额定极限不驱动时间参数组；根据附录B.2.4表的极限不驱动时间档位对应的具体参数。
如：保护器有3档时，前面的6个字节分别对应1～3档的极限不驱动时间值。由用户根据需求自行定制，后面4字节填FF表示无效。

注③：设备运行状态字和设备控制字详细参考附录B

表 A.2.6 控制命令

序号	标识码				数据格式	长度	码制	单位	功能		名 称	功能类型
	DI3	DI2	DI1	DI0					读	写		
26	06	01	01	01	NNuu①	2	BCD	uu	*	*	预约远程跳闸控制（0～99）	
				02		0				*	取消远程跳闸控制	
			02	01	NNuu①	2	BCD	uu	*	*	预约远程合闸控制（0～99）	
				02		0				*	取消远程合闸控制	
			03	01	NNuu①	2	BCD	uu	*	*	预约模拟试跳控制（0～99）	
				02		0				*	取消模拟试跳控制	

注①：NN：表示预约的时间，取值为 0～99，NN＝0，立即跳闸。uu：表示单位：02-分，03-小时

A.3 数据单元格式说明

表 A.3.1 异常告警数据单元格式

数据内容	字节格式	字节数	码制	说明
运行状态字 1	××	1	BIN	
运行状态字 2	××	1	BIN	
故障相位	××	1	BIN	
故障参数	××××××	3	BCD	故障参数根据故障原因动态获取，参数不足 3 字节的，按低位对齐方式，高位补零
控制字 1	××	1	BIN	
控制字 2	××	1	BIN	
控制字 3	××	1	BIN	
控制字 4	××	1	BIN	
控制字 5	××	1	BIN	

表 A.3.2 剩余电流日最大、最小值数据单元格式

数据内容	字节格式	字节数	码制	说明
剩余电流最大相	××	1	BIN	
剩余电流值	××××	2	BCD	
出现的时刻	YYMMDDhhmmss	6		

表 A.3.3 电压日最大、最小值数据单元格式

数据内容	字节格式	字节数	码制	说明
电压值	×××.×	2	BCD	
出现的时刻	YYMMDDhhmmss	6		

235

表 A.3.4 电流日最大、最小值数据单元格式

数据内容	字节格式	字节数	码制	说明
电流值	×××××.×	3	BCD	
出现的时刻	YYMMDDhhmmss	6		

表 A.3.5 剩余电流超限事件数据单元格式

数据内容	字节格式	字节数	码制	说明
剩余电流最大相	××	1	BIN	
剩余电流值	××××	2	BCD	
开始时刻	YYMMDDhhmmss	6		
结束时刻	YYMMDDhhmmss	6		

表 A.3.6 保护器自检数据单元格式

数据内容	字节格式	长度	码制	说明
检测结果	××	1	BIN	检测结果：0×00 失败，0×11：成功
自检时刻	YYMMDDhhmmss	6		
自检方式	××	1	BIN	自检方式：按键、定时、远程；记录的标号见附录 B，表 B.1，bit0～bit4 有效，其他位无效
自检前剩余电流最大相	××	1	BIN	
自检前剩余电流值	××××	2	BCD	
自检前 A 相电压值	×××.×	2	BCD	
自检前 B 相电压值	×××.×	2	BCD	
自检前 C 相电压值	×××.×	2	BCD	
自检前 A 相电流值	×××××.××	3	BCD	
自检前 B 相电流值	×××××.××	3	BCD	
自检前 C 相电流值	×××××.××	3	BCD	

表 A.3.7 跳闸事件数据单元格式

数据内容	字节格式	字节数	码制	说明
故障原因	××	1	BIN	故障原因见附录 B，表 B.1。bit0～bit4 有效，其他位无效
故障相别	××	1	BIN	
跳闸发生时刻	YYMMDDhhmmss	6		
跳闸前剩余电流值	××××	2	BCD	
跳闸前 A 相电压	×××.×	2	BCD	

数据内容	字节格式	字节数	码制	说明
跳闸前 B 相电压	×××.×	2	BCD	
跳闸前 C 相电压	×××.×	2	BCD	
跳闸前 A 相电流	×××××.×	3	BCD	
跳闸前 B 相电流	×××××.×	3	BCD	
跳闸前 C 相电流	×××××.×	3	BCD	

表 A.3.8 剩余电流报警事件数据单元格式

数据内容	字节格式	字节数	码制	说明
报警开始时间	YYMMDDhhmmss	6		
报警结束时刻	YYMMDDhhmmss	6		

表 A.3.9 剩余电流记录数据单元格式

数据内容	字节格式	字节数	码制	说明
剩余电流最大相	××	1	BIN	
剩余电流值	××××	2	BCD	
发生时刻	YYMMDDhhmmss	6		

B.1 运行状态字

表 B.1.1 运行状态字 1

Bit	7	6	5	4	3	2	1	0
描述	告警状态① 0-无告警， 1-有告警	闸位状态 00-合闸； 01-保留； 10-重合闸； 11-闭锁跳闸		跳闸、告警原因：00000-正常运行，00010-剩余电流，00100-缺零，00101-过载，00110-短路，00111-缺相，01000-欠压，01001-过压，01010-接地，01011-停电，01100-试验，01101-远程，01110-模拟，01111-闭锁，10010-手动，10000-互感器故障，10001-合闸失败，10011-设置更改②				
①：在剩余电流报警期间，或执行跳闸动作失败时，告警状态置位，并置位跳闸、告警原因。								
②：10011 设置更改，在现场对设备进行设置时，告警状态置位。除设置更改在告警结束（自动告警关闭时，保持 10 秒）后自动解除外，其他告警如实指示保护器当前状态								

表 B.1.2 运行状态字 2

Bit	7	6	5	4	3	2	1	0
	保留					跳闸次数指针		
跳闸次数指针：每次跳闸累计，累计满不溢出，每次读取告警参数帧（02A00100）后自动清除								

B.2 控制字

表 B.2.1 控制字 1

Bit	7	6	5	4	3	2	1	0
功能	保留	数据告警 0-全禁止 1-全允许	报警灯光 0-禁止 1-允许	报警声音 0-禁止 1-允许	定时试跳 0-禁止 1-允许	档位返回 0-允许 1-禁止	重合闸 0-允许 1-禁止	保留
本控制字中的数据告警是以下数据告警的总告警开关								

表 B.2.2 控制字 2

Bit	7	6	5	4	3	2	1	0
描述	欠压保护		过压保护		缺相保护		过流保护	
	数据告警 0-禁止 1-允许	跳闸控制 0-禁止 1-允许	数据告警 0-禁止 1-允许	跳闸控制 0-禁止 1-允许	数据告警 0-禁止 1-允许	跳闸控制 0-禁止 1-允许	数据告警 0-禁止 1-允许	跳闸控制 0-禁止 1-允许
注 数据告警：是指该功能被触发，要求设备（除非禁止）通过置位控制字 1。禁止控制的情况下，可通过声或光方式告警（下同）								

B.2.3　控制字3

Bit	7	6	5	4	3	2	1	0
功能	试跳源 0-内部 1-外部	保留					缺零保护 数据告警 0-禁止 1-允许	跳闸控制 0-禁止 1-允许

B.2.4　控制字4

Bit	7	6	5	4	3	2	1	0
描述	额定剩余电流动作值： 0000-档位1；0100-档位5；1000-1110-保留 0001-档位2；0101-档位6； 0010-档位3；0110-档位7； 0011-档位4；0111-档位8；1111-连续可调				额定极限不驱动时间： 00-档位1 01-档位2 10-档位3 11-连续可调		剩余电流报警时间： 00-剩余电流报警关闭 01-剩余电流报警启用24h 10-剩余电流报警长期启用 11-保留…	

注1：剩余电流报警功能启用期间，剩余电流超限不动作。

注2：剩余电流动作值、极限不驱动时间，用户可根据实际使用定制，定制参数参见标识码
04000411 和 04000412

表B.2.5　控制字5

Bit	7	6	5	4	3	2	1	0
描述	保留							

B.3　特征字

B.3.1　波特率特征字（Z）

Bit	7	6	5	4	3	2	1	0
功能	保留	19200bps/s	9600bps/s	4800bps/s	2400bps/s	1200bps/s	600bit/s	保留

注：0代表非当前接口通信速率，1代表当前通信接口速率，特征字仅在某一位为1时有效

B.3.2　错误信息字（ERR）

Bit	7	6	5	4	3	2	1	0
功能	保留	保留	保留	远程控制失败	通信速率不能更改	密码错/未授权	无请求数据项	数据非法

注：0代表无相应错误发生，1代表相应错误发生，除Bit0～Bit4定义的错误以外，其他位无效

附　录　C
（资料性附录）
剩余电流参数记录方式

C. 1　概述

利用剩余电流动作保护器获取剩余电流参数，通过计算机对获取的参数进行分析，描绘出剩余电流与时间之间的连续变化曲线。管理人员可直观地得出某个时间段内剩余电流的变化情况，掌握剩余电流的变化规律，采取有效措施，降低线路剩余电流，防止漏电事故发生。

剩余电流随时间的变化曲线是否符合实际情况，其关键是参数的记录方法是否合理，所记录的参数是否有代表性，能否为排除剩余电流故障点提供有效参考。本节给出三种记录方法，可根据实际情况选择使用。

C. 2　差值记录法

差值记录法，是指剩余电路动作保护器将获取到的当前剩余电流值 I_c，减去参考剩余电流值 I_{vef}，若二者的差值 $I_△$ 大于剩余电流记录差值整定值 I_s。则将 I_c 及当前时刻作为参数记录下来，并将 I_c 作为新的参考剩余电流值。重新参与下一记录的计算。

由于剩余电流是一个瞬时变化量和缓慢变化量的叠加值，而有价值的是捕捉到剩余电流产生较大变化时的剩余电流值。因此，采用差值记录的方法获取的剩余电流变化参数，能有效地反映出剩余电流变化的情况。用户可根据剩余电流变化情况和需要，对剩余电流差值整定值进行设定。I_s 设定得越大，剩余电流记录就越少，反之，则越多。

C. 3　最大值记录法

最大值记录法，是指在剩余电流记录间隔时间整定值 T_s 所规定的时间段内，记录剩余电流最大值 I_{max} 及出现时刻，在下一个 T_s 内开始新一次记录。

由于在规定的时间段内只取一个最大值，不能准确反映剩余电流的变化量，特别是不能反映出剩余电流频繁变化的时段；由于只记录最大值，根据获取数据所描绘的曲线无法反映出剩余电流的最小值和其他小于最大值的变化量。

C. 4　差值和时间间隔结合记录法

差值和时间间隔记录法，是指当剩余电流值 I_c 的变化量超过剩余电流记录差值整定值 I_s 时，剩余电流动作保护器将 I_c 及发生时刻点记录下来，并以该记录作为新的参考点，再进行下一个变化曲线点记录；若在剩余电流记录间隔时间整定值 T_s 规定的时间段内，剩余电流变化量未超过 I_s，保护器自动记录该时刻的剩余电流值及时刻点，并以该记录作为新的参考点，再进行下一个变化曲线点记录。即采用差值记录法和时间间隔记录法相结合的方式，反映剩余电流变化情况。实际是差值记录法的升级。